Rで学ぶ確率統計学
一変量統計編

神永正博・木下 勉
共 著

内田老鶴圃

本書の全部あるいは一部を断わりなく転載または
複写(コピー)することは，著作権および出版権の
侵害となる場合がありますのでご注意下さい．

はじめに

本書は，主として一変量の統計学と R の入門書である[1]．数学は好きだが R に馴染みがない人を念頭に置いて書いた．ソフトウェアの実用書と数理統計学の専門書は数多く出版されているが，前者には理論が，後者にはソフトが少ない．このような現状では，理屈は数理統計学の教科書で学び，実際に使う場合は実用書を読む，という以外の選択肢がないが，数理統計学の理論とソフトウェアの使い方を自力で対応付ける必要があるため非効率である．本書ではこの 2 つを同時に学習する．

本書のねらいは，R を統計学の理解の補助として使うことにより，読者が，統計学の理屈と R の使い方を同時にマスターすることである．現在はウェブを検索すれば様々な学習資料を見つけることができるが，本書の目標は，検索した情報を読み解く基礎学力を身に着けることである．標語的に言えば，「ググれば理解できる」段階が本書のゴールである．統計学は本質的に応用志向の学問であり，統計学の理論だけ追求しても得るものが少ない．かといってノウハウだけ学ぶのでは「こういうときはこうする」ということばかり覚えることになり，なぜそうするのかがわからないので，使っていてもどこか頼りないと思う．本書を読めば，R に用意されている統計関数がどのような数学的原理に基づいて計算を行うかがわかるはずである．

R は，オークランド大学の Ross Ihaka と Robert Clifford Gentleman (2 人の R) により開発されたオープンソースの統計処理環境であり，R 言語と呼ばれることもある．比較的簡単な操作だけで高度な統計処理を行うことができるのが R のよいところである．R に煩雑な処理を任せ，一種の統計電卓，シミュレーションソフトとして使うことで，統計概念を効率よく修得することができる．R は，フリーで提供され，UNIX，Mac OS，Windows 上で動作する．洗練された数多くの機能を持ち，多くのユーザーに愛されている R は，今後数十年にわたって統計言語のスタンダードとして使われていくことになるだろう．本書で統計学と共に R を勉強しておくことは決して無駄にはならないと確信している．

本書は，東北学院大学工学部における講義用の教材に大幅に加筆したものである．理論的説明の分量が多いので講義で全て説明するのは難しいかもしれない．筆者は，講義で理論の細かいところは解説していないが，積率母関数の扱いから中心極限定理の証明に至る流れは省かずに説明している．予備知識としては，大学初年次の線形代数学および一変数・多変数の微積分を仮定した．本書は，自習書としても，教科書としても使うことができる．各章ごとにいくつかの練習問題があり，読者はこれらの問題を解きながら，R の操作を確認するとともに本文の内容の理解を深めることができる．演習用データはエクセル形式のファイルまたは CSV 形式のファイルであり，内田老鶴圃の書籍サポートページ[2]からダウンロードできる．また，章末問題には，本文では紹介しきれなかった統計概念も盛り込んである．解答は一部を除いて完全なものを載せておいた．

最終章は，「べき分布」と poweRlaw パッケージについての説明である．べき分布は通常の統計学の教科書ではほとんど省略されてきた内容であり，耳慣れない話だと思うが，ぜひとも読んでいただきたい．正規分布万能の世界観を根底から揺るがす大きな問題だからである．

なお，本書は Windows マシンを使って操作することを想定して書かれているため，Mac OS や

---

[1] 本書の続編「R で学ぶ確率統計学 (多変量統計編)」が予定されている．

[2] http://www.rokakuho.co.jp/data/04_support.html

UNIX を用いる場合，操作上若干の違いがある．また，本書では 64 bit 版 R (ver3.5.1) と R Studio (ver1.1.456) を使い執筆を行った．この点はご容赦願いたいが，違いはわずかなので，本書を読む際の大きな障害にはならないと信じている．重要なことは統計学の考え方を理解すること，統計ツールに慣れること，そして実際の仕事で使うことである．本書がその役に立てば望外の喜びである．

神永は統計学を学習する際に，多数の教科書，論文の他，多くのウェブサイトのお世話になった．とりわけ，青木繁伸先生のサイト[3]，奥村晴彦先生のサイト[4]，中澤港先生のサイト[5] (五十音順) から多くを学んだ．また，本書を出版する機会を与えて下さった内田老鶴圃社長の内田学氏をはじめ，編集部の皆様には大変お世話になった．記して感謝したい．

本書の執筆は，神永の講義ノートを木下がチェックし，それを再び書き直す形で行われた．木下は主として数式と R スクリプトの動作のチェックを担当した．統計学的な問題については神永の責任でまとめた．もし，統計学的な誤りがあれば全面的に神永の責任である．

2019 年 2 月

著　者

---

[3] http://aoki2.si.gunma-u.ac.jp/

[4] https://oku.edu.mie-u.ac.jp/~okumura/

[5] http://minato.sip21c.org/

目　　次

はじめに i

第 1 章　一変量データの記述　　　1

1.1　R のダウンロード 1
1.2　R の起動と終了 1
1.3　R の拡張パッケージ 2
1.4　一変量データの扱い方 3
1.5　階級数の決め方 8
1.6　R のグラフをファイルに変換する 9
1.7　分位点と箱ひげ図 10
1.8　モード (最頻値) 13
1.9　欠損値の扱いなど 14
1.10　章末問題 16

第 2 章　多変量データの記述 1　　　18

2.1　散布図 18
2.2　相関係数 19
2.3　ピアソンの積率相関係数の大きさの解釈 20
2.4　順位相関係数 22
　　2.4.1　スピアマンの順位相関係数 23
　　2.4.2　ケンドールの順位相関係数 24
　　2.4.3　順位相関係数と積率相関係数の違い 28
2.5　多変量における欠損値の扱い 29
2.6　章末問題 31

第 3 章　多変量データの記述 2　　　32

3.1　相関関係は因果関係ではない 32
3.2　切断効果 32
3.3　外れ値の影響 34
3.4　三変量以上のデータの記述 35
3.5　分散共分散行列と相関行列 37
3.6　章末問題 39

第 4 章　確率と確率変数　　　40

4.1　事象 40
4.2　確率と確率変数 41
　　4.2.1　確率の基本的な性質 42

iii

iv 目　次

	4.2.2 条件付き確率と独立事象 42
	4.2.3 連続確率変数 43
	4.2.4 多変量確率分布 44

4.3 R における確率変数の扱い 46
　　4.3.1 確率分布の期待値・分散・モーメント 46
　　4.3.2 一様分布を例として用語を確認する 47
　　4.3.3 確率密度関数 dunif 47
　　4.3.4 累積分布関数 punif 48
　　4.3.5 分位点関数 qunif 48
　　4.3.6 一様乱数の発生 runif 49
4.4 章末問題 51

第 5 章　変数変換・積率母関数　　52

5.1 確率分布の変換 52
5.2 積率母関数 53
5.3 独立な確率変数の期待値・分散 55
5.4 章末問題 57

第 6 章　離散的な確率分布　　58

6.1 二項分布 58
6.2 二項分布の期待値と分散の導出 59
6.3 ポアソン分布 60
6.4 幾何分布 62
6.5 負の二項分布 64
6.6 章末問題 66

第 7 章　連続的な確率分布　　67

7.1 正規分布 67
7.2 対数正規分布 68
7.3 指数分布 69
7.4 コーシー分布 72
7.5 ワイブル分布 73
7.6 多変量正規分布 76
7.7 章末問題 78

第 8 章　独立な確率変数の和の分布　　79

8.1 独立な離散的確率変数の和の分布 79
8.2 独立な連続的確率変数の和の分布 80
8.3 再生性の積率母関数による証明 81
　　8.3.1 二項分布の再生性 81
　　8.3.2 正規分布の再生性 82

目　次　v

8.4	ガンマ分布	82
8.5	アーラン分布	83
8.6	カイ二乗分布	84
8.7	章末問題	86

第 9 章　大数の法則　　87

9.1	サイコロを 1000 回振る	87
9.2	モンテカルロ法	89
9.3	大数の法則の暗号解読への応用 (頻度解析)	90
9.4	チェビシェフの不等式の精度	91
9.5	章末問題	93

第 10 章　中心極限定理　　94

10.1	中心極限定理	94
10.2	リンデベルグの中心極限定理	97
10.3	期待値が存在しない場合	99
10.4	章末問題	100

第 11 章　点推定 1　　101

11.1	点推定	101
11.2	最尤推定法	101
	11.2.1　正規分布の平均と分散の最尤推定	102
	11.2.2　fitdistr による最尤推定	103
11.3	不偏推定量	104
	11.3.1　不偏分散	104
11.4	章末問題	108

第 12 章　点推定 2　　109

12.1	クラメール＝ラオの不等式	109
	12.1.1　有効推定量	111
12.2	フィッシャーのスコア法	112
12.3	最尤推定用スクリプトの例	113
12.4	章末問題	116

第 13 章　区間推定　　117

13.1	大標本における区間推定	117
13.2	小標本に対する t 分布の応用	119
	13.2.1　t 分布の定義と特徴	119
	13.2.2　t.test を用いた信頼区間の計算	121
13.3	正規分布と t 分布のずれ	124
13.4	t 分布が出てくる理由	125

vi 目　次

13.5　章末問題 129

第 14 章　統計的仮説検定　　130

14.1　区間推定と母平均の t 検定 130

14.2　検定の帰結 132

14.3　両側検定・片側検定 133

14.4　対標本の平均値の比較 134

　　14.4.1　補足 135

14.5　対応のない 2 標本の母平均の差の検定 136

14.6　効果量について 137

14.7　章末問題 139

第 15 章　べき分布　　141

15.1　地震の回数の分布 141

15.2　ファットテイルを持つ分布 143

　　15.2.1　べき分布の詳細な定義 144

15.3　α と $x_{\min}$ の最尤推定 145

　　15.3.1　連続変数の場合 145

　　15.3.2　離散変数の場合 146

15.4　株価変動の分布 147

　　15.4.1　poweRlaw パッケージの株価データへの応用 . . 151

15.5　章末問題 154

問題解答　　155

索　　引　　186

関連図書　　189

第 1 章
一変量データの記述

　　データは一般に非常に複雑であるが，基礎となるのは一変量データである．一変量データとは，例えば，身長のデータや，数学の試験の点数データなど，一種類の変量だけからなるデータのことを指す．これらを集めてその特徴をつかむ最も基本的な方法は，**平均**や**標準偏差**といった要約統計量を求めること，そして**ヒストグラム**を描くことである．ヒストグラムとは，縦軸に度数 (あるいは相対度数)，横軸に階級をとった棒グラフのことである．「度数」，「相対度数」，「階級」については後ほど説明する．

1.1　R のダウンロード

　統計分析用ソフトウェア R はフリーソフトであり，次のサイトが公式サイトである．
　　https://www.r-project.org/
各地域にダウンロード用のミラーサイトが用意されているので，日本を含むアジアであれば次のサイトから，利用している OS に合うものをダウンロードするとよい．
　　https://cran.asia/
また，R Studio と呼ばれる R でデータ分析を行うための統合開発環境 (IDE) がある．R Studio を用いれば直感的な操作により R を利用することができる．R Studio も R と同様にフリーソフトである (有料版もある)．次のサイトが公式サイトであり，こちらから R Studio をダウンロードすることが可能である．
　　https://www.rstudio.com/
なお，R および R Studio のインストール方法については，インターネット等でも広く紹介されているため，本書においては説明を省略する．

1.2　R の起動と終了

　　R または R Studio を起動するには，Windows ではデスクトップにある R のアイコンをダブルクリックするか，スタートメニューから R カテゴリの中にある最新版の R を選択する．Mac OS X では Finder の中のアプリケーションフォルダにある R のアイコンをダブルクリックする．Linux ではコマンドラインで R とタイプすれば起動する．R Studio を起動すると，**図 1.1** のような画面が現れる．

　　終了するときは，ウインドウを閉じるか，コマンドラインで q() とタイプすると，

```
> q()
Save workspace image to ~/.RData? [y/n]:
```

のように聞かれるので，y(yes) または n(no) と答えれば終了する．y と答えればワークスペースが保存され，定義したオブジェクトなどが保存されるため，作業の再開がスムーズである．作業が完全に終了し，次に立ち上げたときに新たなプロジェクトを開始するのであれば，n と答えればよい．

1

図 1.1：R Studio の画面

1.3　R の拡張パッケージ

R はさらに複雑な処理を行うための拡張パッケージが用意されている．R Studio では右下のウインドウにおいて Packages タブをクリックすると，**図 1.2** に示すようにインストールされている

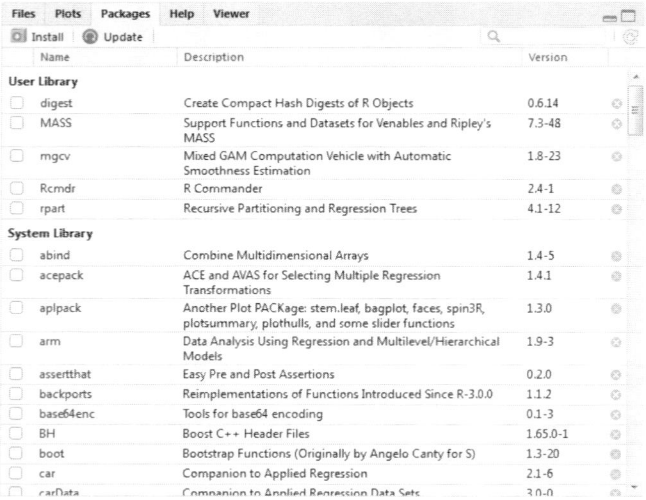

図 1.2：R Studio にインストール済みのパッケージリスト

パッケージのリストが表示される.

このリストに存在しないパッケージをインストールするには Tools メニューから Install Packages... を選択すると，**図 1.3** に示すダイアログが表示されるので，Packages のエディットボックスにパッケージ名を入力すればよい．図 1.3 の例では，robust と入力しているが，この場合 robust から始まるパッケージ名のリストが表示されるので，その中から目的のパッケージを選択することで，指定が簡略化できる.

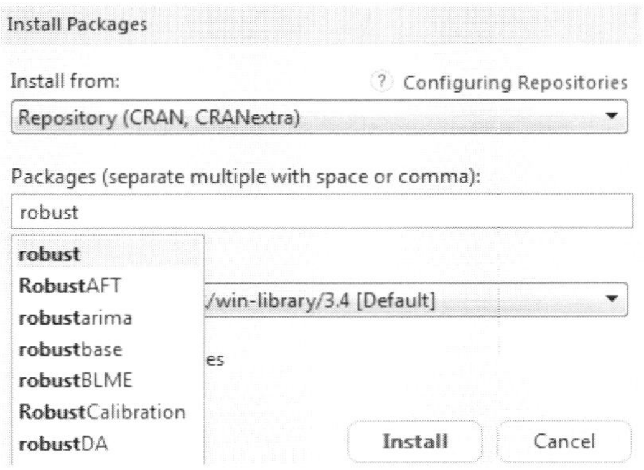

図 1.3：R Studio のパッケージインストール画面 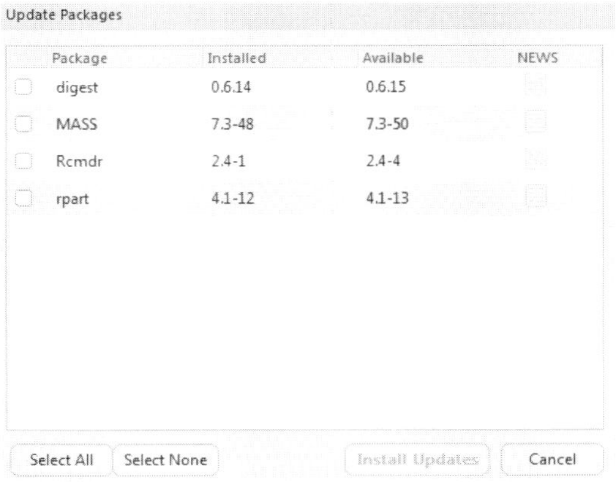　**図 1.4**：R Studio のパッケージインストール画面

また，インストール済みのパッケージを最新版に更新するには Tools メニューから Check for Package Updates... を選択すると，**図 1.4** に示すダイアログが表示されるので，最新版に更新したいパッケージのチェックボックスをチェックし Install Updates ボタンをクリックすればよい.

1.4　一変量データの扱い方

大学で行ったある数学の試験結果を見てみることにしよう．試験結果は，Excel ファイル sampledata.xlsx (または CSV ファイル sampledata.csv) にあり，それを R に読み込むところから始めよう．現在，多くのデータが Excel 形式または csv 形式[*1]で扱われているので，こうした場面は多いと思う．以下，Excel ファイルの場合を説明するが，csv ファイルの場合も，適当なエディタで開き[*2]，同様の操作を行えばよい．具体的には，Excel ファイルの該当セル (Math&Phys タブの B 列 3 行から B 列 148 行まで) を選んでクリップボード (clipboard) に保存し[*3]，それを math という名前をつけて格納する[*4]と，結果は以下のようになる.

```
> math <- scan("clipboard")
```

[*1]　csv とは，comma separated value ＝コンマで区切られた値という意味である.

[*2]　Excel がインストールされていて，特に設定変更しなければ Excel で開くだろう．csv エディタには CS Editor 等多くの種類がある.

[*3]　普通に選択すれば，値は PC 上のメモリに一時的に保存される．この保存場所をクリップボードと呼んでいる.

[*4]　ここで，math は R の内部には存在しないのでこのようにしても問題ないが，例えば，pi などは存在するので，別途定義することはやめておいた方が無難である．誤って定義してしまった場合 rm(pi) とすれば自分で定義したオブジェクトのみ消える．例えば，shine というオブジェクトがすでに定義されているかどうかは shine とタイプして Enter を押せば確認できる．定義されていなければ，Error: object 'shine' not found と表示される．日本語環境なら，「エラー: オブジェクト 'shine' がありません」と表示される.

4 第1章 一変量データの記述

```
Read 146 items
```

読み込む方法は他にもあるが，まずは手軽な方法から始め，徐々にステップアップしていくことにしよう．ここで「<-」は不等号「<」とマイナス「-」を連続して並べた記号で代入 (演算) を表す[*5]．以下のように「=」と書いても同じ結果となる (2001 年から使えるようになった) が，R では「<-」を利用することが多く，本書もこの方針に従う．

```
> math = scan("clipboard")
Read 146 items
```

R では，math のようなデータのまとまりを**オブジェクト** (object) という．**オブジェクト名では大文字と小文字が区別される**ので，例えば，Math と math は異なるオブジェクトとして認識されることに注意しよう．

Read 146 items とあり，これは点数が 146 個並んだデータだということを意味する．これを**サンプルサイズ** (sample size) と言う[*6]．オブジェクト math のサンプルサイズは 146 である，というように表現する．サンプルサイズは，いつでも，

```
> length(math)
[1] 146
```

のようにして確認することができる．length のようにオブジェクトに対して何らかの操作を行って出力する命令は**関数**と呼ばれる．

R は基本的にコンソールで操作するので，タイプミスなどが起きやすい．例えば，

```
> length(math
+
```

のように) を忘れて Enter を押してしまった場合，入力を促す+というプロンプトが表示される．このような場合，) とタイプして Enter を押すか，エスケープキー (Esc) を押せば通常のプロンプトに戻る．

データ math を確認してみよう．オブジェクト名 math をタイプして Enter を押せばデータが表示される．

```
> math
  [1]  90  65  60  75  50  60  25  35  85 100  45  95  80
 [14]  80  95  55  55  65  50  65  40  85  70  65  65  15
 [27]  65  75  60  75  25  65  55  40  70  60  60  35  75
 [40]  45  60  55  75  75  90  35  20  90 100  65  15  80
 [53]  80  85  25  10  95  45  55  80  80  40  90  95  90
 [66]  70  80  25  65  30  60  25  35  20  70 100  50  60
 [79]  50  90  65  45  35  50  85  30  50  70  85  85  75
 [92]  80  40  60  70  80  95  50  40  25  60  35  30  45
[105]  35  70  75  55  40 100  50  55  90  95  60  70  80
[118]  70  45  55  75  45  65  30  25  85  90  90  60  85
[131]  20  75  70  75  50  90  60  15  90  75  70  35  95
[144]  60  45  55
```

[*5] scan("clipboard") -> math としても同じ結果となる．

[*6] サンプル数と言う人もいるが正確には間違いである．データ全部が 1 つのサンプルなので，サンプル数 (number of samples) は 1 だからである．

左に [14] のような番号があるが，これは要素番号である．例えば，[14] のすぐ右にある 80 という点数は，14 番目のデータであることを意味する．実際，

> math[14]
[1] 80

となる．数字の羅列を眺めていてもその特徴をつかむのは難しいため，縦軸に度数 (あるいは相対度数)，横軸に階級をとった棒グラフ＝**ヒストグラム** (histogram) を使う．math のヒストグラムを描くには，次のようにすればよい．

> hist(math)

実行すると，**図 1.5** が表示される．ここで横軸が試験の点数で，このデータでは，「40 点より大きく 50 点以下」，「50 点より大きく 60 点以下」というように 10 点刻みになっている[*7]．この 1 つ 1 つを**階級** (bin)，刻みの幅，ここでは 10 だが，これを**階級の幅** (bin width)，階級の個数を**階級数** (number of bin) と言う．縦軸は**度数** (frequency) で，その階級にあてはまるデータがいくつあるか (この場合だと何人いるか) を数えたものである．全体を 1 としたときの割合＝**相対度数** (relative frequency) を表示させたい場合は，引数に prob=TRUE または freq=FALSE を渡す[*8]．具体的には，

> hist(math, prob=TRUE)

とする．これを表示したものが**図 1.6** になる．縦軸が割合になっていることがわかるであろう．

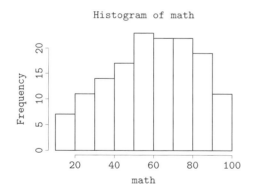
図 1.5：math のヒストグラム

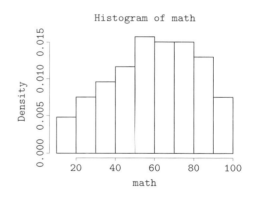
図 1.6：math のヒストグラム (相対度数)

データを捉える際には，平均値と標準偏差が便利である．**平均値** (mean または average) $\bar{x}$ は，

$$\bar{x} = \frac{1}{n}\sum_{j=1}^{n} x_j$$

で与えられ，**標準偏差** (standard deviation) σ は，**分散** (variance)

$$\sigma^2 = \frac{1}{n}\sum_{j=1}^{n}(x_j - \bar{x})^2$$

[*7] hist() の各階級に含まれる範囲は，デフォルトでは左半開区間となっている．つまり，階級の a と b の間にある度数は $(a, b]$ の区間の度数を示している．Excel などのソフトのように，右半開区間 $[a, b)$ にするには引数に right=FALSE を指定すればよい．

[*8] prob=T または freq=F のように表現することもできるが，T は周期などを表現する際によく使われるし，F も周波数を表現する際に用いられることがある．こうした混乱を避けるため，本書では，TRUE, FALSE を用いて表現することにした．

の平方根，つまり，

$$\sigma = \sqrt{\frac{1}{n}\sum_{j=1}^{n}(x_j - \overline{x})^2}$$

のことを指す．$\overline{x}$ はサンプル (標本) から得られた平均なので，そのことを強調したいときは，**標本平均** (sample mean) と言う．第 11 章で説明するが，統計では通常，**不偏分散** (unbiased variance)

$$\widetilde{\sigma^2} = \frac{1}{n-1}\sum_{j=1}^{n}(x_j - \overline{x})^2$$

を用い，R では，不偏分散の平方根を標準偏差として出力する．正確には，不偏分散の平方根であるので，注意が必要である[*9]．理由は第 11 章で述べるが，n で割った分散は，真の分散を小さめに推定する傾向があることがわかっており，その分だけ分母を小さくして値を大きくして釣り合いをとったと思っておけばよい[*10]．

平均はデータの重心にあたり，標準偏差はデータが平均を中心として，どれくらい散らばっているかを表現している．例えば，**図 1.7** のように平均が同じ (ゼロ) でも，標準偏差が大きい方がデータは横に広がる．

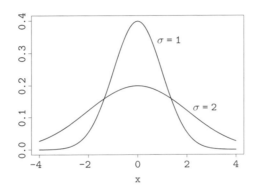

図 1.7：標準偏差の違いと分布の形

R のコマンドで math の平均，不偏分散，不偏分散の平方根は，それぞれ以下のように求めることができる．平均は mean，不偏分散は var(variance の略)，不偏分散の平方根は sd(standard deviation の略) というコマンドを使う．

```
> mean(math)
[1] 61.60959
> var(math)
[1] 506.5293
> sd(math)
[1] 22.50621
```

[*9] 和訳として定着したものはなく，呼び名に困る．ときに不偏標準偏差と呼ばれることもあるが，不偏分散の平方根は，標準偏差の不偏推定量にはならないので，あまりよい用語ではないように思う．

[*10] μ 自身が推定値で，$x_1, x_2, \ldots, x_n$ によって決まっており，$y_j = x_j - \overline{x}$ は，$\sum_{j=1}^{n} y_j = 0$ という制約があることによる．つまり自由に動けるのは，n 個ではなく，$n-1$ 個なのである．これが n ではなく $n-1$ で割ることの直観的な説明である．理論的な説明は第 11 章で行う．

通常の標準偏差を計算するためには，分散に $(n-1)/n$ を掛けてから平方根をとらなければならないことに注意しよう．R では，

```
> sqrt(var(math)*(length(math)-1)/length(math))
[1] 22.429
```

とすればよい．ここで，sqrt は (square root=平方根) を表すコマンドである．

ここでは単に「平均」と表現したが，正確には**算術平均** (arithmetic mean) であり，この他にも種々の平均が存在する．特に重要なものとして**幾何平均** (geometric mean) と**調和平均** (harmonic mean) がある．

$$x_G = \sqrt[n]{x_1 x_2 \cdots x_n}$$

を x の幾何平均と言う．$x_j\ (j = 1, 2, \ldots)$ は全て正とする．幾何平均は，例えば，次のような場合に使う．ある年に株価が 20% 上がり，次の年に 10%，さらに翌年 5% 上がったとする．この間の年間平均上昇率は，

$$\sqrt[3]{1.2 \times 1.1 \times 1.05} = 1.114947$$

より，約 11.5% であることがわかる．R には，幾何平均を計算する関数はないが，次のようにすれば計算することができる．

```
> x <- c(1.2,1.1,1.05)
> prod(x)^(1/length(x))
[1] 1.114947
```

ここで，c(1.2,1.1,1.05) というのは，数字を並べてベクトルとしたものである．c は combine または concatenate (結合する) の頭文字である．先ほどは，scan("clipboard") としてクリップボードのデータを取り込んだが，上のように直接データを並べて入力することもできる．サンプルサイズが小さいときによく使われる．prod(x) は x の要素を全て掛け算する関数である．掛け算を英語で product というので，prod と略している．

一方，調和平均 x_H は，

$$\frac{1}{x_H} = \frac{1}{n} \sum_{j=1}^{n} \frac{1}{x_j}$$

で定義され，速度の平均を計算する際によく用いられる．

例えば，自宅から勤務先まで乗用車を使って時速 60 km，帰りは 20 km で往復したとき，平均時速はどうなるであろうか．足して 2 で割って 40 km としたいところであるが，それは正しくない．自宅から勤務先までの距離を d とすると，往復の距離 $2d$ を時間 $d/60 + d/20$ で割れば平均が求まる．これが調和平均である．

$$\frac{2d}{\frac{d}{60} + \frac{d}{20}} = \frac{1}{\frac{1}{2}\left(\frac{1}{60} + \frac{1}{20}\right)} = 30$$

R には調和平均の関数はないが，次のようにすれば容易に計算できる．

```
> v <- c(60,20)
> 1/mean(1/v)
[1] 30
```

ここで，1/v は，60, 20 の逆数をとったベクトル $(1/60, 1/20)$ である．これは以下のようにして確認できる．

8   第 1 章   一変量データの記述

```
> v <- c(60,20)
> 1/v
[1] 0.01666667 0.05000000
```

1/mean(1/v) は，逆数の平均の逆数，つまり調和平均を意味する．

1.5   階級数の決め方

階級数あるいは階級の幅を変えるとヒストグラムの形状も変わる．階級を多くしすぎるとつぶれたヒストグラムになり，少なくしすぎれば，大きな棒グラフが 1 つ 2 つ並ぶことになる．いずれにしてもデータの特徴をうまく捉えることができない．階級数を適切にとることはとても重要なことなのだ．先ほどの R の関数を見てみると，hist(math) とあるだけで，階級数 (あるいは階級の幅) を指定していない．Excel などでは階級の幅も指定する必要があるが，R は自動的に適当な幅に区切ってくれる．R の関数に合わせていれば日常的にはあまり大きな問題は起きないが，データによっては自分で階級数を決めたり，より適切な階級数を選ぶ方法を指定したりする必要がある．

そこで，R がどんなふうに階級数を決めているか，簡単に説明しておくことにしよう．R で何も指定しなければ，1926 年に提唱されたスタージェス (Sturges) の方法で階級数が決まる[11]．つまり，図 1.5 はスタージェスの方法で階級数を決めたヒストグラムである．**スタージェスの公式** (Sturges' formula) では，階級数 k はサンプルサイズ n に対し，

$$k = \lceil 1 + \log_2 n \rceil$$

として求めることができる．ここで，$\lceil x \rceil$ は，x の小数点以下を切り上げた整数を意味する．この公式に基づいて階級数を決める方法をスタージェスの選択法ということにしよう．サンプルサイズは 146 だったので，スタージェスの公式によれば，

$$k = \lceil 1 + \log_2 146 \rceil = \lceil 1 + 7.189825 \rceil = \lceil 8.189825 \rceil = 9$$

ということになる．図 1.5 をもう一度見てほしい．確かに 9 つの階級に区切られていることがわかるであろう．

どうしてこの公式で階級数を決めるのが適切なのか，という疑問が湧いてくることと思うが，階級数の決め方は多分に経験的なもので，絶対にこれでなければいけないということはない．

スタージェスの選択法は，サンプルサイズだけしか利用していないので，適切とは言い難い場合もある．経験的には，サンプルサイズが比較的小さいときに有効で，サンプルサイズが大きくなったり，標準偏差が大きい場合などは別の選択法を使う方がよいこともある．

ここでは詳細については触れないが，R には，スタージェスの選択法の他に，データのばらつきまで考慮した**スコットの選択法** (Scott's choice)，**フリードマン＝ダイアコニスの選択法** (Freedman–Diaconis' choice) が用意されている．指定の仕方は，以下のように，breaks(「区切り」という意味) という引数に選択法の名前を渡すことで行われる．

```
> hist(math,breaks="scott")
> hist(math,breaks="FD")
```

---

[11]   公式の R のマニュアルには，次のように書いてある．The default for breaks is "Sturges": see nclass.Sturges. Other names for which algorithms are supplied are "Scott" and "FD" / "Freedman-Diaconis" (with corresponding functions nclass.scott and nclass.FD). Case is ignored and partial matching is used. Alternatively, a function can be supplied which will compute the intended number of breaks as a function of x.

mathの場合，どの区切り方を選択しても出力されるヒストグラムは同じになる．breaksに区切りの数を具体的に与えることもできる．例えば18階級に区切りたければ，次のようにすればよい．結果は図 1.8 のようになる．

```
> hist(math,breaks=18)
```

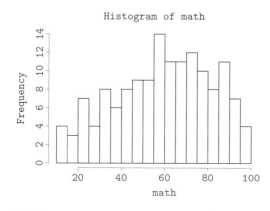
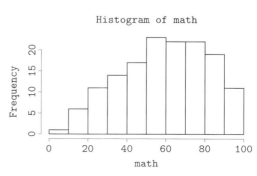

図 1.8：math のヒストグラム (18 階級に区切った場合)　　図 1.9：math のヒストグラム (0 から 100 まで 10 刻みに区切った場合)

また，階級の幅をもっと詳細に指定することもできる．例えば 0 から 100 まで 10 刻みに区切りたければ，次のようにすればよい．結果は図 1.9 のようになる．

```
> hist(math,breaks=seq(0,100,10))
```

こちらの方が適切に思う人もいるだろう．印象を変えるために階級の幅を恣意的に操作するのはよいことではないが，用途によっては多少の操作はやむを得ないであろう．ついでながら，この数学の試験結果は 5 点刻みで 18 通りの値しかとっていないため，これ以上大きな区切り数を指定しても意味がないことに注意しよう．

1.6　R のグラフをファイルに変換する

ここまでいくつかのグラフの描き方を説明してきたが，R にはグラフを画像ファイルとして取り出す機能がある．この機能を使えば分析した結果を，そのまま資料やレポート・論文等に貼り付けることが可能となる．R Studio では右下のウインドウにおいて Plot タブ内にある Export メニューをクリックすると，図 1.10 に示すようなメニューが表示される．

最も手軽な使い方は，Copy to Clipboard... を選んでクリップボードにコピーし，Word 等のファイルに直接貼りつけることである．ファイル形式を指定したい場合は，このメニューから Save

図 1.10：R Studio からグラフを取り出すためのメニュー

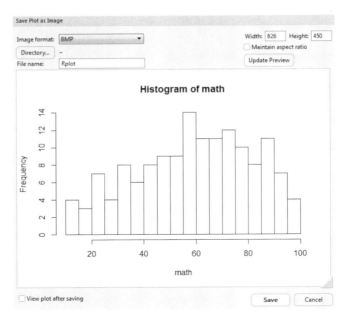

図 1.11：R Studio からグラフを取り出すためのダイアログ

as Image... を選択すると，画像データの詳細を設定するために，**図 1.11** に示すようなダイアログが表示される．図 1.11 において File Name: に適当な名前を入力して，Save ボタンをクリックすれば画像ファイルが出力される．出力画像のフォーマットを変えたければ Image format: を適宜変更すればよい．また，Width や Height を変更することで画像の解像度を変更することができる．もし，縦横の比率も合わせて変更するのであれば，Maintain aspect ratio をチェックする．また，画像の書き出しは，コマンドラインからもできる．例えば，ファイル名 math.jpg で横 640 ピクセル，縦 480 ピクセルの jpeg ファイルとしてグラフを保存したい場合は，次のようにすればよい．

```
> jpeg("math.jpg",width = 640, height=480)
> hist(math)
> dev.off()
```

ここで気をつけなければならないことは，必ず関数 jpeg() を実行後に，hist() 等のグラフの出力コマンドを実行する必要があることである．また，dev.off() を実行しないと，画像は正しく保存されないことにも注意してほしい．なお，dev.off() は，グラフを一度クリアしたいときにも利用するコマンドであるが，グラフなどがない場合に実行すると以下のエラーが出力される．

```
Error in dev.off() :
    デバイス 1 をシャットダウンすることができません (NULL デバイスです)
```

1.7 分位点と箱ひげ図

データを小さい方から大きさの順に並べ，ちょうど半分のところにある値を**中央値**，または**メディアン** (median) と言う．本書では，R の関数に合わせ，以下，メディアンという用語を使う．例え

ば，試験の成績が，

$$56, 78, 90$$

であれば，78 点がメディアンになる．R では次のようにする．

```
> score <- c(56, 78, 90)
> median(score)
[1] 78
```

n が偶数のときにはちょうど真ん中の値がないので，真ん中の 2 つの平均値 (足して 2 で割った値) をメディアンとする．例えば，

$$56, 78, 81, 90$$

であれば，

```
> score <- c(56, 78, 81, 90)
> median(score)
[1] 79.5
```

となり，確かに $(78 + 81)/2 = 79.5$ になっていることがわかる．ちょうど真ん中ではなく，小さい方からちょうど 1/4 (25%)，3/4 (75%) の点もよく使われる．これらはそれぞれ**第一四分位点 (25%点) (Q1)**，**第三四分位点 (75%点) (Q3)** と呼ばれる．もちろん第二四分位点 (50%点) はメディアンに一致する．また，Q1 から Q3 の間に 50% の観測値が含まれる．

R の quantile 関数を使えば，以下のように，これらを一度に計算することができる．

```
> quantile(math)
  0%  25%  50%  75% 100%
  10   45   65   80  100
```

第一四分位点 (25%点) と**第三四分位点 (75%点)** の差 Q3 − Q1 は，**四分位偏差 (IQR)** (inter-quantile range) と呼ばれ，メディアン付近にどの程度データが集まっているかを表す．

```
> IQR(math)
[1] 35
```

これらを図にしたものが，**箱ひげ図** (box plot) である．

```
> boxplot(math)
```

とタイプすると，**図 1.12** が描かれる．これが箱ひげ図である．

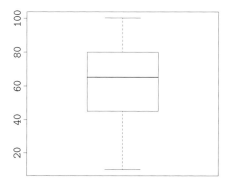
図 1.12：math の箱ひげ図

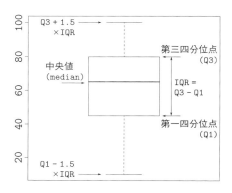
図 1.13：箱ひげ図の説明

12　第 1 章　一変量データの記述

　それぞれの意味は，**図 1.13** に示したとおりである．箱ひげ図中央の太線はデータのメディアンを示しており，箱の最上端は第三四分位数，箱の最下端は第一四分位点を表している．最上端の線は $Q3 + 1.5 \times IQR$，最下端の線は $Q1 - 1.5 \times IQR$ を表すが，値がその範囲を超えて存在しないときは，それぞれ最大値，最小値になる．そのような場合には上下のひげの長さが均等にならないこともある．**箱ひげ図にはいくつか流儀があり，日本の高等学校の数学の教科書には，最上端の線は最大値，最下端の線は最小値を表すと書かれている．**どれが絶対に正しいということはなく，それぞれに利点がある．

　ヒストグラムのうち，主要な特徴だけ抜き出して図にしたものが箱ひげ図だと思えばよい．複数の分布を比較するときには，ヒストグラムを直接比較するよりも箱ひげ図を並べた方がわかりやすいことが多い．R に最初から格納されている iris (あやめ) のデータを箱ひげ図にしてみる．iris は，あやめのがく片 (sepal) の長さ (Sepal.Length) と幅 (Sepal.Width)，花びら (petal) の長さ (Petal.Length) と幅 (Petal.Width)，種 (Species) を記録したデータである．

```
> iris
```

とすればデータが一気に表示されるが，量が多すぎてわかりにくい．そこで，データの先頭部分だけ表示するには head を使う．

```
> head(iris)
  Sepal.Length Sepal.Width Petal.Length Petal.Width Species
1          5.1         3.5          1.4         0.2  setosa
2          4.9         3.0          1.4         0.2  setosa
3          4.7         3.2          1.3         0.2  setosa
4          4.6         3.1          1.5         0.2  setosa
5          5.0         3.6          1.4         0.2  setosa
6          5.4         3.9          1.7         0.4  setosa
```

　データの下の方を見るには，tail を使えばよい．

```
> tail(iris)
    Sepal.Length Sepal.Width Petal.Length Petal.Width   Species
145          6.7         3.3          5.7         2.5 virginica
146          6.7         3.0          5.2         2.3 virginica
147          6.3         2.5          5.0         1.9 virginica
148          6.5         3.0          5.2         2.0 virginica
149          6.2         3.4          5.4         2.3 virginica
150          5.9         3.0          5.1         1.8 virginica
```

　列数が多い場合などは，次のようにデータの構造を表示してくれる str コマンド (structure の略) を使う方が便利なこともある．

```
> str(iris)
'data.frame': 150 obs. of  5 variables:
 $ Sepal.Length: num  5.1 4.9 4.7 4.6 5 5.4 4.6 5 4.4 4.9 ...
 $ Sepal.Width : num  3.5 3 3.2 3.1 3.6 3.9 3.4 3.4 2.9 3.1 ...
 $ Petal.Length: num  1.4 1.4 1.3 1.5 1.4 1.7 1.4 1.5 1.4 1.5 ...
 $ Petal.Width : num  0.2 0.2 0.2 0.2 0.2 0.4 0.3 0.2 0.2 0.1 ...
 $ Species     : Factor w/ 3 levels "setosa","versicolor",..: 1 1 1 1 1 1 1 1 1 1 ...
```

iris の 1 列目 (Sepal.Length) から，3 列目 (Petal.Length) までを箱ひげ図にするには，

```
> boxplot(iris[,1:3])
```
とすればよい．1:3 は，1, 2, 3 という 1 から 3 までの番号を表すベクトルであり，直前に，(カンマ) があるのは，「行全て」という意味である．

結果，**図 1.14** が表示される．

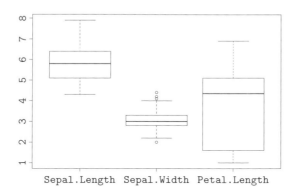

図 1.14：iris の箱ひげ図

Sepal.Width の上下に白丸があるが，これは**外れ値** (outliar) と呼ばれる．線の外側にあり，データの中では例外的な値だと考える．外れ値に関してはいくつかの流儀があるので，他のソフトウェアを使う場合は定義を確認しておく必要がある．平均値は外れ値に対して敏感に反応し，メディアンは外れ値に対して**頑健** (robust) である (問題 1–11)．

ここで，1:3 としたが，1, 3, 4 列のデータを表示させたいときは，

```
> boxplot(iris[,c(1,3,4)])
```
とすればよい．

1.8 モード(最頻値)

これまでの説明に現れなかった統計量の中で最も有名なのは，**モード (最頻値)** (mode) であろう．モードは，データの中で最も多く現れる値であり，複数あることもある．

R にはモードを計算するコマンドはない．modeest パッケージをインストールして求めることもできるが，何もインストールしなくても，次のようにしてモード[*12]を計算することができる．

```
> names(which.max(table(math)))
[1] "60"
```

となり，math の最頻値は 60 点であることがわかった．この手順を理解することは，R の操作に慣れる意味でも教育的である．ここで，table(math) が何をしているか見てみよう．結果は次のようになる．

```
> table(math)
math
 10  15  20  25  30  35  40  45  50  55  60  65  70  75  80  85  90  95 100
  1   3   3   7   4   8   6   8   9   9  14  11  11  12  10   8  11   7   4
```

[*12] modest (e が 1 つ少ない) パッケージもあるが，modeest パッケージとは異なる．

14 第1章 一変量データの記述

上の行には，点数が最低点の 10 点から最高点の 100 点まで並んでいる．下の行には，それぞれの出現回数が書かれている．例えば，45 点なら 8 回出現していることになる．which.max(x) は，x の中で最大の値の位置を返すメソッド (関数 which のメソッド) であり，which.min(x) は，x の中で最小の値の位置を返すメソッドである．names はその名前 (ラベル．この場合は点数) を返す関数である．結果，モードが返ってくるというわけである．

この手順を詳しく見てみると，データが数値データであることは全く使っていないことに気づくであろう．したがって，文字列をデータとしてもよい．例えば，

```
> x <- c("Alice","Bob","Chris","Alice","Alice","Chris")
> names(which.max(table(x)))
[1] "Alice"
```

となる．ただし，この方法は，全てのモードではなく，最も左にある値 (文字列) のみが返される．

ヒストグラムからモードを計算する場合もあるが，階級の区切り方によってモード (この場合は階級) が異なることに注意が必要である．math はもともと 5 点刻みのデータなので，点数とヒストグラムの階級が一致しているが，一般にはそうではない．

1.9 欠損値の扱いなど

データは完全なものとは限らず，値が抜けていることもある．試験の場合で言えば，試験を放棄したり，何らかの理由で受験できなかった場合，一部の学生の得点は欠損値となる．欠損値は，NA(Not Available) という記号で表される．NA は値が不明という意味で，NA に 1 を加えたり，平均をとったりしても値は得られない．実際，

```
> NA+1
[1] NA
> mean(NA)
[1] NA
> NA == 1
[1] NA
> NA != 1
[1] NA
```

のように NA が返ってくる．値がわからないものに 1 を加えても値はわからないし，平均もわからないし，それが 1 と等しいか等しくないかもわからないわけである．ここで値が等しい「==」，等しくない「!=」という記号を使った．これは論理演算子で，命題が真であれば TRUE，偽であれば FALSE が返ってくる．例えば，次のようになる．

```
> a <- 1
> a == 1
[1] TRUE
> a != 1
[1] FALSE
```

TRUE は 1 と同じで FALSE は 0 と同じである．実際，次のような計算ができる．

```
> TRUE+1
[1] 2
> FALSE+1
[1] 1
```

R においては，欠損値はデフォルトで読み飛ばされる．例えば，sampledata.xlsx の Not Available シートにある math_na の値部分 (math に 1 つ欠損値を含めたもの) を以下のようにクリップボードにコピーしてみると，欠損値は読み飛ばされて格納される．

```
> math_na <- scan("clipboard")
Read 146 items
> mean(math_na)
[1] 61.60959
```

しかし，このデータの先頭に NA を追加して平均を計算すると，次のように値が NA となってしまう．

```
> math_na2 <- c(NA,math_na)
> mean(math_na2)
[1] NA
```

このような場合には，以下のように，欠損値を削除する na.rm (NA remove) という意味のオプション引数を TRUE にすれば，R が関数を評価するときに，NA は無視される．

```
> mean(math_na2,na.rm=TRUE)
[1] 61.60959
```

欠損値を見つけたい場合は，is.na 関数を用いる．長いので最初の方だけ見てみると，次のようになり，先頭の NA に対してのみ TRUE が返ってくる．

```
> head(is.na(math_na2))
[1]  TRUE FALSE FALSE FALSE FALSE FALSE
```

補足 1. ここでは欠損値を捨てることしか述べていないが，欠損値が多い場合は別の手法が必要になる．欠損値に対処する統計手法は重要であるが，本書で全て扱う時間はないので，ここでは重要であるとの指摘に留める．興味のある読者は，例えば文献 [1] などを参照されるとよい．

16　第 1 章　一変量データの記述

1.10　章末問題

(R) マークは R を使って解答する問題，(数) マークは数学的な問題である．

問題 1-1 (R)　平均値が大きく違う 2 つのデータのばらつきを比較する際は，標準偏差が適当ではないことがある．例えば，男性の身長と女性の身長では，平均値がかなり違い，標準偏差を単純に比較するのは正しい比較とは言えない．そもそも女性の方が平均身長が低いので，それに応じてばらつきも小さくなるからである．そのため，標準偏差を平均で割った値を**変動係数** (coefficient of variation) として利用することがある．厚生労働省が公開している年齢別性別身長と体重の平均と標準偏差 (平成 21 年度) によれば，19 歳時点で，男性の平均身長は 171.58 cm で標準偏差は 5.63 cm，女性の平均身長は 158.23 cm で標準偏差は 5.56 cm であり，女性の方が標準偏差が小さいが，女性の方が身長のばらつきが小さいと言えるか．各々の変動係数を計算して結論を出せ．

問題 1-2 (R)　2，5，11，7，9 の (算術) 平均，幾何平均，調和平均，不偏分散と不偏分散の平方根を求めよ．

問題 1-3 (R)　x を $x_1, x_2, \ldots, x_n$ からなるデータとする．x に対し，

$$\frac{1}{n} \sum_{j=1}^{n} |x_j - \overline{x}|$$

を x の**平均偏差** (mean deviation) と言う．34，56，32，15，49 の平均偏差と標準偏差を求めて比較せよ．R では，オブジェクトの絶対値は abs を用いて計算することができる．

問題 1-4 (R)　R では，2 つの同じ長さのデータ (ベクトル) a，b に対し，a*b とすると，a，b の成分それぞれを掛けたデータが出力される．例えば，

```
> a <- c(2,5,3)
> b <- c(3,9,4)
> a*b
[1]  6 45 12
```

というように，2×3，5×9，3×4 を並べたベクトルが得られる．またデータの和は，sum というコマンドで計算することができる．以上を利用して，次の問に答えよ．

　ある大学の入試における数学の試験の平均点は，A 学科，B 学科，C 学科それぞれ 65 点，59 点，62 点であった．受験生数が，それぞれ 500，750，690 人だとするときの全体の平均点を計算せよ．

問題 1-5 (R)　成人の肥満度を表す指標の 1 つに **BMI** (Body Mass Index) がある．BMI は，体重 (kg) を身長 (m) の二乗で割ることによって求められる．身長 171.8 cm，体重 74.4 kg の A さん，身長 167.2 cm，体重 56.3 kg の B さん，身長 180.9 cm，体重 93.2 kg の C さんの BMI を求めよ．ただし，身長，体重はそれぞれ height，weight というベクトルとして計算せよ．

問題 1-6 (R)　3，4，8，11，7 の不偏分散の平方根と標準偏差を求め，値を比較せよ．

問題 1-7 (R)　日本では，試験の成績を標準化して表現する方法として，偏差値が広く利用されている．データの平均値を $\overline{x}$，標準偏差を σ とすると，得点 x の人の **Z 値** (Z-score) または**標準得点** (standard score) を

$$Z = \frac{x - \overline{x}}{\sigma}$$

で定義する．このとき，その**偏差値**を $50 + 10Z$ で定める．数学のデータ math において，得点 40 点，85 点の人の偏差値をそれぞれ求めよ．

1.10 章末問題 17

問題 1-8 **(R)** R では，所定の分布に従う乱数を発生させることができる (正規分布，正規乱数に関しては，4.2 節，第 6 章で詳細を説明する)．例えば，100 個の平均 50，標準偏差 10 の正規乱数 (正規分布に従う乱数) を発生させるには，`rnorm(100,50,10)` とすればよい．100 個の平均 50，標準偏差 10 の正規乱数を発生させ，ヒストグラムを描け (乱数を用いているので，答は毎回異なる)．

問題 1-9 **(R)** 平均 50，標準偏差 5 の正規乱数 100 個のデータと平均 10，標準偏差 10 の正規乱数 100 個のデータそれぞれの箱ひげ図を並べて表示せよ．また，それぞれの IQR を求めよ．なお，`boxplot(x,y)` とすれば，x，y の箱ひげ図が並べて表示される (乱数を用いているので，答は毎回異なる)．

問題 1-10 **(R)** 平均 170，標準偏差 10 の正規乱数を 5 つ発生させてオブジェクト x とし，これに 500 という極端に大きな値を加えたオブジェクト y の平均とメディアンを計算せよ (乱数を用いているので，答は毎回異なる)．

問題 1-11 **(R)** 問題 1–10 において，x の標準偏差と y の標準偏差を計算せよ．標準偏差に関しては，`mad` 関数を用いると外れ値の影響を受けにくい推定ができる．**MAD** (median absolute deviation) とは，

`median(abs(x-median(x)))*1.4826`

で定義される[*13]量で，正規乱数に対し標準偏差のよい推定量 (漸近推定量) になることが知られている．`mad(x)`, `mad(y)` を計算して `sd(x)`, `sd(y)` と比較せよ．

問題 1-12 **(R)** 分布の形状を表現するために，Z 値の k 乗の平均を考えることがある．特に，$k = 3$ のときを**歪度** (skewness)，$k = 4$ のとき，Z 値の 4 乗の平均から 3 を引いた値を**尖度** (kurtosis) と言う．歪度は，分布の形の左右非対称性を表す．歪度が負のとき，分布は右に偏っており，正のとき分布は左に偏っていることを意味する．尖度は分布の尖り具合を表し，正規分布のときは 0 である．`math` の歪度と尖度を求めよ．

問題 1-13 **(数)** x の分散 σ^2 が，x の平均と x^2 の平均を用いて，$\sigma^2 = \overline{x^2} - \overline{x}^2$ と表せることを示せ．この公式は理論的な計算でしばしば使われる．

問題 1-14 **(数)** $\sum_{j=1}^{n}(x_j - a)^2$ を最小にする a は，x の平均に等しいことを示せ．

[*13] 1.4826 は，ほぼ `1/qnorm(0.75)` である．

第2章
多変量データの記述 1

第 1 章では，最も基本的な一変量データの扱い方を説明した．本章では，多変量データの基本的な扱い方，要約の方法について解説する．

2.1 散布図

最初に二変量データについて説明する．まず例を見よう．

第 1 章では数学の試験のデータを見た．ここでは同じ集団に対して実施した物理学の試験結果を見てみる．math と同じく，Excel ファイル sampledata.xlsx からデータ (Math&Phys タブの C 列 3 行から C 列 148 行まで) をクリップボード経由で R に読み込むことにする．オブジェクト名は，phys としよう．

```
> phys <- scan("clipboard")
Read 146 items
```

math, phys をラベルと一緒にまとめてとりたいときは，ラベルも含めて (Math&Phys タブの B 列および C 列の 2 行から 148 行まで) クリップボードにコピーして，read.table 関数を用いて，

```
> score <- read.table("clipboard",header=TRUE)
```

とした上で，score$math, score$phys のように各ベクトルを取り出せばよい．ここで header=TRUE は，1 行目をラベルと解釈せよ，という意味である．

物理学の試験は，数学の試験とは異なり 140 点満点であった．ヒストグラムを示しておこう (**図 2.1**).

```
> hist(phys)
```

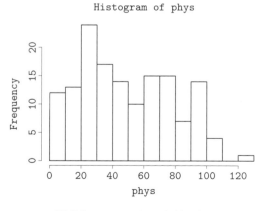

図 2.1：phys のヒストグラム

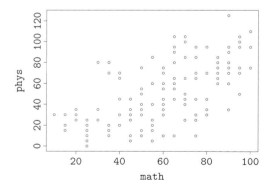

図 2.2：math と phys の散布図

平均は 51.60959，不偏分散の平方根は 29.27241 であった．

さて，数学と物理学の試験結果の間にはどんな関係があるであろうか．数学ができる学生は物理

学もできるのではないだろうか．このようなことを調べる際に最も基本的な統計処理は，**散布図** (scatter plot) を描くことである．散布図とは，2つのデータ $x: x_1, x_2, \ldots, x_n, y: y_1, y_2, \ldots, y_n$ に対して，(x_j, y_j) $(j = 1, 2, 3, \ldots, n)$ を対応させた図のことである．この場合は，j 番目の学生の数学の点数が x_j であり，物理学の点数が y_j にあたる．散布図を描くには，次のようにすればよい[*1]．

```
> plot(math,phys)
```

結果は**図2.2**のようになる．図2.2を見ると，点が右上がりに並んでいることがわかる．つまり，数学ができる学生は物理学もできる傾向がある．

2.2 相関係数

このような傾向を計量的に把握するために，**相関係数** (correlation coefficient) がよく用いられる．x, y の相関係数は，-1 から 1 までの値をとり，x が増えれば y も増える傾向にあるときプラスの値をとり，x が増えたとき y が減る傾向にあるときにはマイナスの値をとる．そのような関係が見られないとき，ゼロに近い値をとる．相関係数が 1 に近いとき x と y の間には，**正の相関がある**，-1 に近ければ**負の相関がある**，ゼロに近ければ**相関がない**と表現される．散布図と相関係数のイメージは，**図2.3**のようになる．

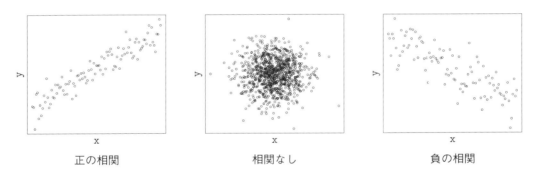

図 2.3：相関係数と散布図のイメージ

Rでは，次のようにすれば相関係数が求められる．

```
> cor(math,phys)
[1] 0.6191588
```

相関係数の計算方法はいくつか知られており，Rでは何も指定しなければ，**ピアソンの積率相関係数** (Pearson's product-moment correlation coefficient)：

$$r = r_{xy} = \frac{\sum_{j=1}^n (x_j - \overline{x})(y_j - \overline{y})}{\sqrt{\sum_{j=1}^n (x_j - \overline{x})^2} \sqrt{\sum_{j=1}^n (y_j - \overline{y})^2}} \tag{2.1}$$

が出力される．

r_{xy} は，平均偏差ベクトル

[*1] `read.table` 関数を用いてラベルと一緒に選んだ場合は，`plot(score$math,score$phys)` とする．

20 第 2 章 多変量データの記述 1

$$\boldsymbol{x} = (x_1 - \overline{x}, x_2 - \overline{x}, \ldots, x_n - \overline{x})$$
$$\boldsymbol{y} = (y_1 - \overline{y}, y_2 - \overline{y}, \ldots, y_n - \overline{y})$$

のなす角 θ の余弦 $\cos\theta$ に一致する．したがって，$-1 \leq r_{xy} \leq 1$ であり[*2]，(2.1) は，

$$r_{xy} = \cos\theta = \frac{(\boldsymbol{x}, \boldsymbol{y})}{\|\boldsymbol{x}\|\|\boldsymbol{y}\|}$$

と表すことができる．ここで $(\boldsymbol{x}, \boldsymbol{y})$ は，$\boldsymbol{x}$ と $\boldsymbol{y}$ の内積である．$\cos\theta$ の値が 0 であれば，$\boldsymbol{x}$ と $\boldsymbol{y}$ が直交していることを意味する．1 であれば $\boldsymbol{x}$ と $\boldsymbol{y}$ は同じ方向を向き，-1 であれば，$\boldsymbol{x}$ と $\boldsymbol{y}$ は逆方向を向いている．

相関係数の定義式 (2.1) の分子をサンプルサイズ n で割った量

$$s_{xy} = \frac{1}{n} \sum_{j=1}^{n} (x_j - \overline{x})(y_j - \overline{y})$$

を x，y の**共分散** (covariance) と言う．x，y の分散を各々 s_{xx}，s_{yy} と書けば，

$$r_{xy} = \frac{s_{xy}}{\sqrt{s_{xx}}\sqrt{s_{yy}}} \tag{2.2}$$

と書くことができる．R では，cov という関数を用いて共分散を計算するが，cov 関数が出力するのは**不偏共分散** (unbiased covariance):

$$\tilde{s}_{xy} = \frac{1}{n-1} \sum_{j=1}^{n} (x_j - \overline{x})(y_j - \overline{y})$$

である．不偏共分散を求めるには，次のようにすればよい．

```
> cov(math,phys)
[1] 407.9086
```

2.3　ピアソンの積率相関係数の大きさの解釈

先ほど，math と phys のピアソンの積率相関係数 r_{xy} を計算し，その値が 0.6191588 であることを見た．一般的に，ピアソンの積率相関係数の値については，次の目安 (**表 2.1**) で言い換えられることが多い．表 2.1 に従えば，両者には中程度の相関があるということになる．

表 2.1：ピアソンの積率相関係数の大きさと相関の強さ

相関係数の絶対値 ($|r_{xy}|$)	相関の程度
0.2 未満	なし
0.2〜0.4	弱
0.4〜0.7	中
0.7〜1	強

しかし，これはただの言い換えにすぎない[*3]．この値が本当に意味のある値なのか，つまり相関があると言えるかをどうやって判定すればよいのだろうか．ここで，その方法を簡単に見ておこう．

[*2]　厳密には，シュヴァルツの不等式によるが，この方が直感的に理解しやすいであろう．

[*3]　筆者 (神永) は長らくこの言い換えに疑問を持たなかったが，2.4.2 節で述べるように相関係数の定義を書かずに使用することは誤解のもとだと思うようになった．

R では，cor.test というコマンドを用いる．すると，次のような結果が得られる．

```
> cor.test(math,phys)
Pearson's product-moment correlation

data:  math and phys
t = 9.4616, df = 144, p-value < 2.2e-16
alternative hypothesis: true correlation is not equal to 0
95 percent confidence interval:
 0.5077840 0.7101767
sample estimates:
      cor
0.6191588
```

いろいろな情報が書かれているが，さしあたり見てほしいのは，**95%信頼区間** (95 percent confidence interval) というところである．その下に 2 つの数字が書かれている．これは，区間

$$(0.5077840, 0.7101767)$$

を意味する．つまり，相関係数がこの範囲にあるといえば 95% の確率で正しい．95% 信頼区間は 0 を含まない．これは相関係数が正であることを支持している．その上に書かれている p-value < 2.2e-16 は相関係数が 0 であると仮定したとき，このような r の値が得られる確率 (**P 値** = p-value) が 2.2×10^{-16} よりも小さいことを表している．つまり，相関係数が 0 である可能性は無視できるほど小さい[*4]．この区間は，2 つの変量 (ここでは，math，phys) が二次元正規分布していることを仮定して計算されている (詳細は省略する)．

ピアソンの積率相関係数は，2 つの変数が直線的な関係に近い場合に 1 または -1 に近い値になる．実際，$y_j = ax_j + b \ (j = 1, 2, \ldots, n)$ が成り立っているとすれば，$\overline{y} = a\overline{x} + b$ であるから，$y_j - \overline{y} = ax_j + b - (a\overline{x} + b) = a(x_j - \overline{x})$ が成り立つ．この関係を使えば，

$$
\begin{aligned}
r &= \frac{\sum_{j=1}^{n}(x_j - \overline{x})(y_j - \overline{y})}{\sqrt{\sum_{j=1}^{n}(x_j - \overline{x})^2}\sqrt{\sum_{j=1}^{n}(y_j - \overline{y})^2}} \\
&= \frac{\sum_{j=1}^{n}(x_j - \overline{x})\{a(x_j - \overline{x})\}}{\sqrt{\sum_{j=1}^{n}(x_j - \overline{x})^2}\sqrt{\sum_{j=1}^{n}(a(x_j - \overline{x}))^2}} \\
&= \frac{a\sum_{j=1}^{n}(x_j - \overline{x})^2}{|a|\sum_{j=1}^{n}(x_j - \overline{x})^2} = \frac{a}{|a|}
\end{aligned}
$$

となり，a の符号が正のときは 1，負のときは -1 になることがわかる．逆も正しく，$r = \pm 1$ のときは x と y は直線関係にある (問題 2–5 参照)．ピアソンの積率相関係数は，2 つの変数が直線的な関係にあるときに有効であるが，そうでない場合には有効ではない．例えば，**図 2.4** のような散布図を考える．

実際，cor.test で調べてみると，相関係数は -0.04478467 で，P 値は 0.5279 であり，相関はないと判断されている．図 2.4 は正規分布に従う乱数を利用して作成したため，この結果とは値が

[*4] これは統計的仮説検定と呼ばれる技術に現れる概念である．統計的仮説検定については，第 14 章で詳細に説明するが，相関係数の検定には二変量の正規分布が必要になるので，本書では扱い切れない．刊行予定の「R で学ぶ確率統計学 (多変量統計編)」で説明する予定である．

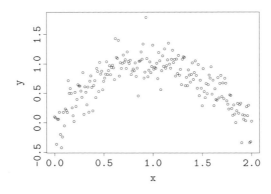

図 2.4：放物線型の散布図

異なることがある．なお，正規分布については第 7 章で詳しく説明する．また，実行のたびに値は異なる．

```
> cor.test(x,y)

Pearson's product-moment correlation

data:  x and y
t = -0.6324, df = 199, p-value = 0.5279
alternative hypothesis: true correlation is not equal to 0
95 percent confidence interval:
 -0.18205105  0.09419385
sample estimates:
        cor
-0.04478467
```

実は図 2.4 の散布図は，以下のようにして作成した[*5]．

```
> x <- seq(0, 2, by = 0.01)
> y <- 2*x-x^2 + rnorm(length(x),0,0.2)
> plot(x,y)
```

つまり，上に凸の放物線 $y = 2x - x^2$ に平均 0，標準偏差 0.2 の正規乱数を加えて作ったもので，当然ながら，y と x の間には放物線の関係があると考えるのが自然である．

このようにピアソンの積率相関係数は直線的な関係にどれだけ近いかを定量的に表現したものであり，「相関がある」ということと「関係がある」ということは異なるのである．

2.4 順位相関係数

ピアソンの積率相関係数について説明したが，他にも様々な相関係数が知られている．R では，ピアソンの積率相関係数の他に，スピアマン (Spearman) の順位相関係数，ケンドール (Kendall) の順位相関係数が用意されており，それぞれ，以下のように入力すればよい．method という引数に名前を渡せばよいのである．

[*5] ここで，seq(0, 2, by = 0.01) は，0 から 2 までの範囲を 0.01 幅に区切ってできる等差数列のベクトルである．また，rnorm は正規分布に従う乱数を発生させるコマンドである．詳細は，第 4 章および第 6 章で説明する．

```
> cor(math,phys,method="spearman")
[1] 0.6321976
> cor(math,phys,method="kendall")
[1] 0.4670729
```

この 2 つの相関係数は，**順位**相関係数であり，ピアソンの**積率**相関係数とは異なる考え方で計算される．ピアソンの積率相関係数は，得点や身長，体重など，その大きさに意味があるデータに用いることができるが，例えば，次のような意識調査をして，大学入学後の成績との関係を調べたいとしよう．

あなたは将来のために資格を取得することが大事だと思いますか．
1：とてもそう思う
2：まあまあそう思う
3：あまりそう思わない
4：まったくそう思わない

この調査では，大事だと思う程度に順序があり，程度が大きい方から順に $1 > 2 > 3 > 4$ となっていることがわかるが，その大きさには意味がない．このような場合に順位相関係数を使う[6]．

順位相関係数では，相関をどのように捉えるかに関して，ピアソンの積率相関係数とは本質的な違いを含んでいるので，簡単に説明しておこう．

2.4.1 スピアマンの順位相関係数

スピアマンの順位相関係数 (Spearman's rank correlation coefficient) は，$\rho = \rho_{xy}$ で表すことが多い．$\rho = \rho_{xy}$ は，x，y それぞれのデータを小さい方から並べて番号を振り，その番号に関するピアソンの積率相関係数を計算したものである．その結果，**スピアマンの順位相関係数は，データの値の大きさは関係なく，データの順序だけで決まる**ことになる．順序さえあれば，数値をとる必要性さえない．そのため，スピアマンの順位相関係数は，変量の分布がどのようなものであるかを仮定することなく値が 0 であるかどうかを検定できる．スピアマンの順位相関係数は，j 番目の観測対象 x_j，y_j の順位 (rank) をそれぞれ R_j^x，R_j^y とすると，

$$\rho_{xy} = 1 - \frac{6}{n(n^2 - 1)} \sum_{j=1}^{n} (R_j^x - R_j^y)^2 \tag{2.3}$$

と表すことができる．

R では，`cor.test` の引数 `method` に `spearman` を渡せばよい．結果は次のようになる．

```
> cor.test(math,phys,method="spearman")

Spearman's rank correlation rho

data:  math and phys
S = 190766.3, p-value < 2.2e-16
alternative hypothesis: true rho is not equal to 0
sample estimates:
      rho
0.6321976
```

---

[6]　データが量的な場合でも，データの値の信頼度が低いときに順位相関係数を使う場合もある．

```
Warning message:
In cor.test.default(math, phys, method = "spearman") :
    タイのため正確な p 値を計算することができません
```

　ここで，警告メッセージ (Warning message) が表示されるが，これは同じ値が含まれている (タ
イ*7の発生) ことにより，同じ順位が出てきてしまう (数学の点数が同一のため，数学の順位が同じ
くなったり，物理でも同様のことが発生する) ため，P 値が正確に計算できないということを示して
いる．これを補正するために，同じ順位が出てきた場合は，順位を 1/2, 1/3 等に刻むことになって
いるが，これは便宜的なことであり，P 値は正確な値ではない (正確な値は原理的に計算できない)．
それゆえ，実用上はこの警告は無視され，出力された (不正確な) P 値で判断されることが多い．順
位相関係数ではピアソンの積率相関係数のときとは異なり，信頼区間は得られず，相関係数が 0 で
あるとの帰無仮説が棄却される確率 (P 値) のみが得られる．信頼区間が得られないのは次節で解説
するケンドールの順位相関係数でも同じである．

2.4.2　ケンドールの順位相関係数

　スピアマンの順位相関係数の他に，**ケンドールの順位相関係数** (Kendall tau rank correlation
coefficient) もよく用いられる．ケンドールの順位相関係数は，次のように定義される．

$$\tau = \tau_{xy} = \frac{2K}{{}_n\mathrm{C}_2} - 1 = \frac{4K}{n(n-1)} - 1$$

ここで，K は**ケンドールのタウランク距離** (Kendall tau rank distance) と呼ばれる量で，2 つの項
目の順位の組を考えたとき大小関係が一致する組の数である．K は，**バブルソート距離** (bubble-sort
distance) とも呼ばれる．データを大きさの順に並べる際，バブルソートでは，隣り合うデータの大
小を比較して大小関係が異なれば入れ替え (スワップ) を行うことから来ている．つまり，K はバ
ブルソートにおけるスワップの回数である．分母の ${}_n\mathrm{C}_2$ は n 個の中から 2 個取り出す取り出し方，
つまりペアの総数である．

　R では，cor.test の引数 method に kendall を渡せばよい．結果は次のようになる．

```
> cor.test(math,phys,method="kendall")

Kendall's rank correlation tau

data:  math and phys
z = 7.9598, p-value = 1.776e-15
alternative hypothesis: true tau is not equal to 0
sample estimates:
      tau
0.4670729
```

ここで，警告メッセージがないことに気づかれる方がいると思う．これは，スピアマンの順位相関係
数では同じ値があると同一順位になってしまう (タイの発生) が，ケンドールの順位相関係数では，
順位の大小関係が一致する (0 でも OK) 組の数を数えているためタイが無関係なことによる．

　ここで，順位相関係数は，結局どちらを使うべきかという疑問が湧いてくるかもしれない．結論

---

　*7　これは英語の tie のことで，「同点」という意味である．競技などで同点になるときに，タイになる，と表現す
るが，それと同じである．

から言えばどちらを使ってもよい．ただし，サンプルサイズが大きいときには，漸近的に

$$\tau_{xy} \approx \frac{2}{3}\rho_{xy}$$

が成り立つことに注意が必要である (この問題は，ケンドールも気づいていたが[*8]，最終的に証明されたのはだいぶ経ってからである[*9]．ここで，$\approx$ は近似値であることを示す記号である[*10]．

これは漸近的な関係式なので，サンプルサイズが小さいとき (例えば 10 程度) はこの関係式に乗るとは限らないことに注意しよう．

R によるシミュレーションでこの事実を確認しておこう[*11]．まず，0 から 1 までの一様乱数を 10 個発生させサンプルサイズ $M = 10$ のデータを 2 つ作り，そのデータに対するスピアマンの相関係数を横軸に，ケンドールの相関係数を縦軸にとってプロットしたものが**図 2.5** である．点の数は 200 ある．

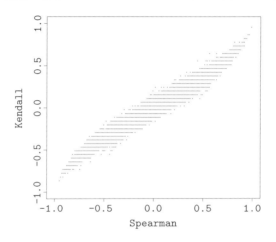

図 2.5：スピアマンの相関係数とケンドールの相関係数の関係 ($M = 10$)

若干ステップが多いので，ファイルにスクリプトを書き，それを R で実行する．まず，適当なテキストファイルに次のようなスクリプトを書き，`skcor.r` のように拡張子 r を付けてセーブする (拡張子は大文字の R でもよい)．

```
M <- 10
N <- 200
x <- matrix(runif(M*N,0,1), nrow=M, ncol=N)
y <- matrix(runif(M*N,0,1), nrow=M, ncol=N)
sz <- cor(x, y, method="spearman")
kz <- cor(x, y, method="kendall")
plot(sz,kz,xlim=c(-1,1),ylim=c(-1,1),xlab="Spearman",ylab="Kendall",pch=20)
```

[*8] 1948 年の Kendall の論文 [3] には次の記述がある．T will be about two-thirds of the value of R when n is large. (ここで，T とはケンドールの順位相関係数 τ，R はスピアマンの順位相関係数 ρ，n はサンプルサイズである．)

[*9] 例えば，Fredricks and Nelsen の 2007 年の論文 [2] に緩い条件下でこの関係が示されている．

[*10] 日本では，$\fallingdotseq$ という記号が普及しているが，英語の文献ではあまり見かけない．

[*11] ここでは X, Y が独立な場合のシミュレーション結果を与えるが，Fredricks and Nelsen[2] の Theorem 3.1 では，より一般のコピュラに対してこの結果が証明されている．

テキストエディタは個人の好みのものを使ってかまわないが，R Studio を使う場合は，図 2.6 のメニューバーから左上の File をクリックし，New File の R Script を選べば左上の窓でスクリプトの編集ができる．図 2.7 はスクリプトエディタの様子を示している．もしくは，図 2.6 の左から 2 つめの下矢印のアイコンをクリックすると，図 2.8 のように表示されるので，ここから R Script を選んでもよい．

図 2.6：R Studio のメニューバー

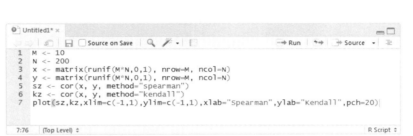

図 2.7：R Studio のスクリプトエディタ

図 2.8：File メニューで表示されるドロップダウンメニュー

R Studio では，スクリプトファイルをセーブする際，ファイルをどこに保存するか聞かれるので，Session→Set Working Directry→Choose Directry の順に選んで保存フォルダを決める．R のコマンドラインで作業フォルダを変更するには，

setwd("C:/Users/kaminaga/statistics/R")

のように入力する．ただし，Windows でディレクトリの区切りに用いられる「¥」文字は，R Studio では「\ (バックスラッシュ)」と変換され，このまま入力するとエラーとなる．そのため，上記の作業フォルダ指定のように「¥」文字を「/ (スラッシュ)」に置き換えて入力する必要があることに注意すること．フォルダの中身を見るには，

dir()

と打ち込むとフォルダにあるファイル名が列挙される．

補足 2． ついでながら，ヒストグラムなど，表示されたグラフなどを消すには，

> plot.new()

とすればよい．

少々わき道にそれたが，上の図 2.5 を出力するスクリプトの説明をしよう．runif は一様乱数 (一様分布に従う乱数．詳細は 4.2 節で説明する) を発生させる関数で，runif(発生させる乱数の個数，

乱数の下限 min，乱数の上限 max) のように記述する．min=1,max=2 のように指定してもよい (デフォルトでは min=0,max=1)．matrix はデータを行列形式に変換する関数で，nrow が行数，ncol が列数で，データを縦に並べ，成分は書いた順に縦に並んでいき，指定された行数で次の列に移る．これは通常の行列の読み方とは異なるので注意しよう．**通常は行ごとに読むが R では列ごとに読むのである．**変更するには，以下の例のように byrow = TRUE とすればよい．

```
> A <- matrix(c(1,2,3,4,5,6),nrow=2,ncol=3) # default
> A
     [,1] [,2] [,3]
[1,]    1    3    5
[2,]    2    4    6
> A <- matrix(c(1,2,3,4,5,6),nrow=2,ncol=3,byrow=TRUE)
> A
     [,1] [,2] [,3]
[1,]    1    2    3
[2,]    4    5    6
```

ここで，# はコメントアウトの記号で，同じ行でこの記号の後ろに書かれていることは読み飛ばされる．先のスクリプトを実行するには，R のコンソールで，

```
> source("skcor.r")
```

とタイプして Enter キーを押せばよい．R Studio では，左上の窓に Source というボタンがあるので，これをクリックすればよい．**図 2.9** はスクリプトエディタのメニューの様子である．

図 2.9：スクリプトエディタのメニュー

このように，まとまった処理を書いた R ファイルを作成しておくと，同様の処理をするときに非常に楽ができる．

次にサンプルサイズを $N = 200$ と増やし，$y = \frac{2}{3}x$ のグラフを重ねてみよう．結果は**図 2.10** のようになり，ほぼ $y = \frac{2}{3}x$ のグラフの上に点が集中することがわかるだろう[*12]．

```
M <- 50
N <- 200
x <- matrix(runif(M*N, 0, 1), nrow=M, ncol=N)
y <- matrix(runif(M*N, 0, 1), nrow=M, ncol=N)
sz <- cor(x, y, method="spearman")
kz <- cor(x, y, method="kendall")
plot(sz,kz,xlim=c(-1,1),ylim=c(-1,1),
     xlab="Spearman",ylab="Kendall",pch=20,cex=0.2)
par(new=TRUE)
curve(2*x/3,xlim=c(-1,1),ylim=c(-1,1),xlab="",ylab="")
```

[*12] もちろん，これは高い確率でこの直線の近くに点が並ぶということであって，ケンドールの相関係数の値の範囲が $-2/3$ から $2/3$ の間にあるという意味ではない．

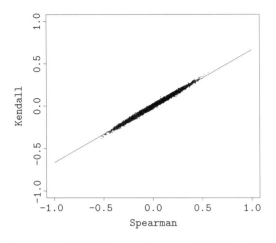

図 2.10：スピアマンの相関係数とケンドールの相関係数の関係 ($N = 200$)

このことからもわかるように，相関係数の大きさはそれぞれ異なるので，表 2.1 のような言い換えをピアソンの積率相関係数以外にあてはめてはいけない．表 2.1 のような言い換えを順位相関係数でも適用してしまうと，$\tau_{xy} = 0.82$ と出て相関が高いということになるのに，$\rho_{xy} = 0.55$ 程度になることが多く，この場合中程度の相関ということになってしまい具合が悪いのである．

2.4.3 順位相関係数と積率相関係数の違い

順位相関係数と積率相関係数の違いについて説明しておこう．

先ほどの図 2.4 にある放物線状のデータに対して，スピアマンの順位相関係数，ケンドールの順位相関係数を計算した結果，次のようになった (図 2.4 は，正規分布に従う乱数を利用して作成したため，この結果とは値が異なることがある．また，実行のたびに値は異なる可能性がある)．

```
> cor.test(x,y,method="spearman")

Spearman's rank correlation rho

data:  x and y
S = 1429376, p-value = 0.4283
alternative hypothesis: true rho is not equal to 0
sample estimates:
        rho
-0.05613714


> cor.test(x,y,method="kendall")

Kendall's rank correlation tau

data:  x and y
z = -1.009, p-value = 0.313
alternative hypothesis: true tau is not equal to 0
sample estimates:
       tau
```

```
-0.0478607
```

このように，いずれにおいても相関は0と考えても矛盾がないことになる．こう見ていくと，積率相関係数と順位相関係数の間にはあまり差がないようにも見えるが，それは正しくない．図 2.11 のようなデータを見てみよう．

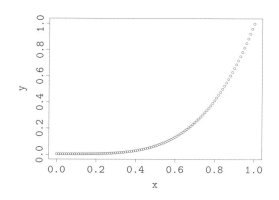

図 2.11：$y = x^4$ ($0 \leq x \leq 1$) のグラフに乗ったデータ

図 2.11 は，x を 0 から 1 までの公差 0.01 の等差数列でできたデータとして，$y = x^4$ としてできる散布図である．

```
> x <- seq(0,1,by=0.01)
> y <- x^4
> plot(x,y)
```

ピアソンの積率相関係数，スピアマンの順位相関係数，ケンドールの順位相関係数を計算してみると，以下のようになる．

```
> cor(x,y)
[1] 0.864857
> cor(x,y,method="spearman")
[1] 1
> cor(x,y,method="kendall")
[1] 1
```

ピアソンの積率相関係数は，0.864857 と 1 に近い値になってはいるが 1 ではない．一方，スピアマンの順位相関係数，ケンドールの順位相関係数は共に 1 になっている．これは，順位相関係数が，x が増えたときに，y が増えるかどうかという点だけを見て相関を計算していることによる．これがピアソンの積率相関係数と順位相関係数の決定的な違いである．

2.5 多変量における欠損値の扱い

第 1 章では一変量の欠損値について触れたが，多変量の欠損値について簡単に触れておこう．本章では，数学と物理の試験結果両方についてたまたま欠損値がないが，数学だけ受験して物理を受験していない，または数学は受験していないが物理は受験した，というように欠損が変数の一部にだけ生ずるということがある．1つでも欠損値を含む行の値を除去するには，na.omit 関数を用いる．この

30 第2章 多変量データの記述1

方法は**リストワイズ法** (listwise deletion) と呼ばれる. sampledata.xlsx の Not Avaliable2 タブのデータをラベルも含めて (B列3行から E列8行まで) クリップボードにコピーし, read.table 関数を用いて data オブジェクトに格納し, 中を見てみると次のようになる.

```
> data <- read.table("clipboard",header=TRUE)
> data
  name mathematics physics English
1    A          94      80      46
2    B          75      83      78
3    C          NA      NA      90
4    D          47      66      NA
5    E          NA      NA      NA
```

これに対し, na.omit 関数を用いると,

```
> na.omit(data)
  name mathematics physics English
1    A          94      80      46
2    B          75      83      78
```

となり, 少なくとも1つの NA を含む行を除去する. デフォルトでは, NA を除外しているが, XX などと書いてある場合もあるだろう. このような場合には,

```
> data <- read.table("clipboard",header=TRUE, na.strings=c("XX"))
```

のように指定すればよい. 例えば sampledata.xlsx の Not Avaliable2 タブのデータ内で1行目だけにある 94 の数値を欠損値として扱うのであれば, 次のように指定する.

```
> data <- read.table("clipboard",header=TRUE, na.strings=c("94"))
```

このように指定した data オブジェクトの中身を確認すると

```
> data
  name mathematics physics English
1    A        <NA>      80      46
2    B          75      83      78
3    C          NA      NA      90
4    D          47      66      NA
5    E          NA      NA      NA
```

となり, これに対し na.omit 関数を用いると,

```
> na.omit(data)
  name mathematics physics English
2    B          75      83      78
3    C          NA      NA      90
4    D          47      66      NA
5    E          NA      NA      NA
```

のように, 1行目だけが欠損値を含む行として扱われる. ただ, 関数などにオブジェクトを渡す際に, 欠損値を含まないオブジェクトを作成した方が, オプションを指定する手間が省ける. そのようなオブジェクトを作成するには, 欠損値を含まないデータを取り出す complete.cases() と, 条件に一致する行のみを抽出する関数 subset() を用いて, 以下のようにすればよい.

```
> data2 <- subset(data, complete.cases(data))
> data2
  name mathematics physics English
1    A          94      80      46
2    B          75      83      78
```

2.6 章末問題

(R) マークは R を使って解答する問題，**(数)** マークは数学的な問題である．

問題 2-1 **(R)** x を 0 から 1 までの公差 0.01 の等差数列でできたデータとし，$y = 1 - x^4$ として，データ y を作る．散布図を描き，ピアソンの積率相関係数，スピアマンの順位相関係数，ケンドールの順位相関係数を計算せよ．

問題 2-2 **(数)(R)** ピアソンの積率相関係数，順位相関係数 (スピアマン，ケンドール) は二変量の単位の取り方によらないことを示せ．つまり，正の定数 c_1, c_2 に対し，$c_1 x$ と $c_2 y$ の相関係数は，x と y の相関係数に等しいこと (スケール不変性) を示せ．

問題 2-3 **(数)** x, y がちょうど逆順のとき，スピアマンの順位相関係数が -1 になることを示せ．

問題 2-4 **(数)** x, y がちょうど逆順のとき，ケンドールの順位相関係数が -1 になることを示せ．

問題 2-5 **(数)** x, y のピアソンの積率相関係数 r_{xy} が 1 または -1 であれば，y と x には直線関係があることを示し，その直線の式を求めよ．ただし，x, y の分散は共に 0 でないものとする．

問題 2-6 **(R)** x を -1 から 1 まで 0.01 ずつに区切ったデータとし，$x^3 - 3x$ に平均 0，標準偏差 0.1 の正規乱数を加えてできるデータを y とする．このとき，x, y のピアソンの積率相関係数を計算せよ (相関係数の値は毎回異なる)．

問題 2-7 **(R)** スピアマンの順位相関係数 ρ とケンドールの τ の間には次の不等式が成り立つことが知られている[13]．

$$-1 \leq 3\tau - 2\rho \leq 1$$

X, Y を共に $[0,1]$ の一様乱数としてシミュレーションを行い，この不等式が成立することを確認せよ．

問題 2-8 **(数)** 散布図行列の対角成分には散布図が描かれていないが，それはなぜか．

問題 2-9 **(数)** 2 つの同じサンプルサイズ n を持つ x, y に対し，$ax + by$ (a, b は定数) の分散 V が，

$$a^2 s_{xx} + b^2 s_{yy} + 2ab s_{xy}$$

であることを示せ．

---

[13] この結果は，最初 Daniels[4] で示されたものであるが，Fredricks and Nelsen[2] では結合分布が絶対連続であるという極めて緩い条件下で簡明な証明が与えられている．

第3章

多変量データの記述2

相関係数に関する注意点がいくつかあるので,ここで簡単に整理する.また三変量以上のデータの扱いや分散共分散行列・相関行列についても解説する.

3.1 相関関係は因果関係ではない

　正または負の相関があっても,それが直ちに**因果関係** (causal relationship, causality) を意味するわけではない.例えば,高度経済成長期の日本では公害病が増加した.一方で,平均寿命 (0 歳時の平均余命,平均余命はある年齢の者があと平均何年生きられるかを示した数) も伸びている.いずれも増加しているので正の相関が観測されるが,公害病が平均寿命を伸ばしているわけではない.この場合,経済成長というもう 1 つの変数 (**中間変数**または**第三変数**) が公害病の増加,平均寿命の延長と因果関係を持っていると考えられる.このような例は多数見られ,統計を「読む」際には注意を要する.しかし,上記のような推論は,統計学の数学的内容だけでは話がすまないことも多い.上記の例はごく簡単なものであるが,中間変数を見出すには,社会学,経済学,あるいは医学などの高度な知見が必要となることもある.本当に因果関係があるかどうかを調べる方法は実験だけしかないので,実験を伴わない因果関係の推論にはどうしても曖昧なところが残る.ある事柄 (要因) が結果に対して影響を与えているか,また,その程度はいくらかを統計データに基づいて推論する方法を提供するのは,**統計的因果推論** (statistical causal inference) と呼ばれる分野の研究成果である.統計的因果推論は統計学的に基本的な問題と思われるが,その理論は,標準的な統計学を一通り学んだ後でなければ理解困難である.そこで,本書では,あくまで標準的な統計学を解説することに焦点を絞り,統計的因果推論には深入りしないことにする.

3.2 切断効果

　柔道,ボクシングなどのスポーツでは体重制をとっている.これらのスポーツでは体重が重い方が強くなる傾向にある (正の相関がある) が,体重によって分けられた級内での相関は小さくなることが知られている.このように,データを切断したときに元のデータと比べて相関係数 (の絶対値) が小さくなる現象を**切断効果** (breakage effect) または**選抜効果** (selection effect) と言う.

　サンプルデータの math, phys を用いて,数学の得点が 60 点以上を合格,60 点未満を不合格として 2 つの集団に分け,元のデータの (ピアソンの積率) 相関係数と合格者,不合格者各々の相関係数を比較してみよう[*1].

```
> cor(math,phys)
[1] 0.6191588
> cor(math[math<60],phys[math<60])
[1] 0.2324035
```

[*1] ここで,ベクトル x のうち,適当な条件,例えば 60 点以上のもののみ取り出すには,x[x>=60] のように,[ ] 内に条件式を書けばよいことを利用した.

```
> cor(math[math>=60],phys[math>=60])
[1] 0.4453048
```

確かに，元のデータの相関係数は 0.6191588 であるのに対し，数学の得点 60 点で分けたデータでは，60 点未満で 0.2324035，60 点以上で 0.4453048 となり，相関係数が大きく下がることが確認できる (**図 3.1**).

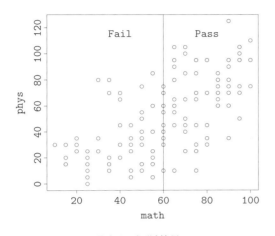

図 3.1：切断効果

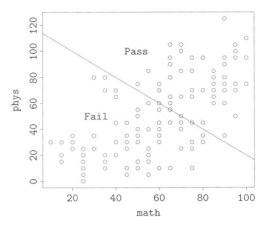

図 3.2：切断効果 2

切断効果は，もう少し複雑な切断方法をとっても生じることがある．例えば，数学と物理の合計点が 120 点以上を合格としよう (**図 3.2** の線の上側 (線を含む))．合格者における数学と物理の成績の相関係数を調べてみると次のようになる．

```
> cor(math[math+phys>=120],phys[math+phys>=120])
[1] 0.1876243
```

つまり，合格者に限ると数学と物理の成績の相関係数は 0.1876243 でしかない．ほぼ相関がないと思ってよいことになる．

このようにデータを切断してしまうと正しい見解 (この場合は数学の得点と物理の得点の間に正の相関がある) が得られなくなることがある．この現象を統一的に説明するのはやさしくないが，以上の例を見れば，切断効果を無視することができないことがわかると思う．

切断効果は自覚していないと間違いに気付かないことが多い．例えば，大学入試などでは二段階の選抜が行われることがあるが，この場合一次試験の結果と二次試験の結果に相関が見られない，といった現象がそれにあたる．この場合一次試験の点数で足切りがなされ，一次試験の合格者しか二次試験を受けていないため，結果的に切断効果が生ずるのである．入学試験の成績と入学後の成績の相関を見る場合も，同様の切断効果が生じている．入学後の成績が観測できるのは合格者だけだからだ．筆者は，他の大学教員から「入試の成績と入学後の成績にはあまり関係がない」という主張を聞くことがあるが，これは切断効果を無視しており，正しい推論とは言えない．

切断効果は，データを読むには数学的なトリックにだまされないよう十分な注意が必要な好例である．

補足 3. 切断効果があるデータの扱いは難しい．二変量データにおいて切断が生じているデータ，例えば，試験の合格者についての相関係数が得られているときに全体の相関係数を推定する (ただし不合格者も含めた分散が必要) 技術などもあるが，ここでは割愛する．

3.3 外れ値の影響

相関係数は，極端に外れたデータ＝外れ値の影響を受ける．特にサンプルサイズが小さいとき，その影響が大きい．

例をあげよう．架空の話であるが，数学と日本史の 100 点満点の試験結果の相関を調べることを考えてみよう．試験を受けたのは 21 名．1 名だけ極めて優秀でともに 100 点だったが，この 1 名を除くと，各科目 30 点前後の平均点であったとする．

このときの散布図は図 3.3 のようになるであろう (試験であるから，点数は整数であるが，ここではそのような補正はしていない．あくまでどのような状況なのかを説明するためのものである)．極めて優秀な 1 名を除くと相関係数は 0.0285245 にすぎず，ほぼ相関が見られない．しかし，優秀な 1 名を含む全体の相関係数は，0.6714046 にも達する (乱数を含んでいるためシミュレーションの結果は毎回異なるので，同じような結果が得られない可能性もある)．

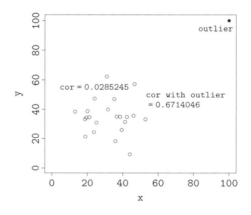

図 3.3：外れ値の影響

以下では x, y に平均 30, 標準偏差 10 の正規分布に従う乱数を 20 個生成し，x, y としている．また，x と y のそれぞれに 100 点を追加したものを xa, ya としている．

```
> x <- rnorm(20,30,10)
> y <- rnorm(20,30,10)
> cor(x,y)
[1] 0.0285245
> xa <- c(x,100)
> ya <- c(y,100)
> cor(xa,ya)
[1] 0.6714046
```

このような場合，外れ値を除去して (例外扱いして) 考えることが多い[*2]．データが外れ値と見な

[*2] この問題は実は根深い．外れ値であるかどうかを判断するには，もとの事象がどんな確率分布 (第 4 章で扱う) に従っているかがわかっている必要がある．一方，その事象が従う確率分布が何であるかを決めるにはデータがたくさん必要になる．そんなときデータに外れ値らしきものが入っていたとしても，それが外れ値だと判定するのは間違いかもしれない．元の確率分布がそういうものかもしれないからだ．これは循環論法である．このあたりは実際には「習慣で」判断される．この学問分野ではこうするのが作法だ，というような．統計学は数学ではない．アートなのだ．

せるかどうかについては一応の基準は考えられているが，絶対的な判断基準はなく，状況に応じて判断することになる[*3]．

3.4 三変量以上のデータの記述

二変量の場合は散布図を用いて 2 つの変量の関係をつかむことができたが，三変量でも散布図を用いて視覚的に変量の関係をつかむことは難しくなり[*4]，四変量以上になると，そもそもその散布図を目で見ることは不可能である．そこで，散布図をそのまま用いることは諦めて，各変数の間の散布図をパネル状に並べて表示する**散布図行列** (scatter matrix) という概念を導入する．

R には標準で「大気の質」(airquality) というデータセットが入っている．R には airquality だけでなく，様々なデータセットが用意されている．標準で付属しているデータセットを呼び出すには，

```
> data()
```

とすればよい．最初の方だけ引用すると次のようになる．

```
Data sets in package edatasetsf:
```

AirPassengers	Monthly Airline Passenger Numbers 1949-1960
BJsales	Sales Data with Leading Indicator
BJsales.lead (BJsales)	Sales Data with Leading Indicator
BOD	Biochemical Oxygen Demand
CO2	Carbon Dioxide Uptake in Grass Plants
ChickWeight	Weight versus age of chicks on different diets
DNase	Elisa assay of DNase
EuStockMarkets	Daily Closing Prices of Major European Stock Indices, 1991-1998
Formaldehyde	Determination of Formaldehyde
HairEyeColor	Hair and Eye Color of Statistics Students

...

話を airquality に戻そう．airquality は，1973 年 5 月から 9 月までのニューヨークの大気の状態を，オゾンの量 (Ozone)，日照 (Solar.R)，風速 (Wind)，気温 (Temp) およびこれらの観測日で表現したデータである．長いのでここでは表示しないが，R のコマンドラインで，

```
> airquality
```

とタイプすればデータを見ることができる．最初の方を見てみると，

[*3] 機械的に外れ値の影響を除く統計技術があり，ロバスト推定と呼ばれている．R には，ロバスト推定のためのパッケージ robustbase, robust が用意されているが，詳細は割愛する．

[*4] R の RGL パッケージを用いれば三次元の散布図を描くことができ，自由に見る角度を変えることができるが，データの特徴をつかむのは難しいことが多い．

```
> head(airquality)
  Ozone Solar.R Wind Temp Month Day
1    41     190  7.4   67     5   1
2    36     118  8.0   72     5   2
3    12     149 12.6   74     5   3
4    18     313 11.5   62     5   4
5    NA      NA 14.3   56     5   5
6    28      NA 14.9   66     5   6
```

となっている．1.9 節で述べたように NA というのは Not Available の略で，欠損値を表す．欠損値の扱いはときに非常に重要であるが，ここではこの問題には目をつぶることにして散布図行列を説明してしまおう[*5]．R のコマンドラインで，

```
> plot(airquality[,1:4])
```

とタイプすると，**図 3.4** が表示される．これは，airquality の 1 列目から 4 列目のデータ，Ozone, Solar.R, Wind, Temp の散布図行列を表示せよ，という意味である．

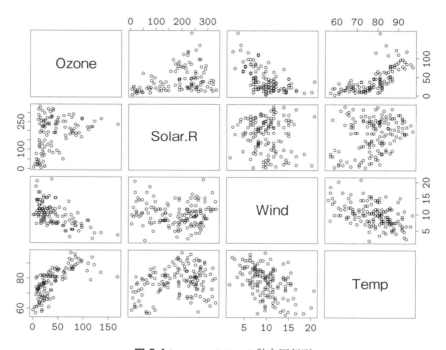

図 3.4：airquality の散布図行列

散布図行列は，m を変数の個数としたとき，$m \times m$ の窓に区切られている．Ozone と Solar.R の散布図は，1 行目の 2 列目，2 行目の 1 列目に描かれ，縦軸と横軸を入れ替えた図になっている．対角線上には変数の名称が書かれている．散布図行列を見ることで，それぞれの変数間の関係が一度に捉えられるのである．

[*5] 1.9 節で述べたように欠損値は読み飛ばされる．

3.5 分散共分散行列と相関行列

サンプルサイズ n の m 個のデータを考える. 例えば, 100 人の中学生に対し, 国語, 英語, 数学, 理科, 社会の試験を行い, それをひとまとまりのデータと捉えたとき, $n = 100$, $m = 5$ (この場合は教科の数) となる. これを行列と見なせば, 100 行 5 列の行列となる.

これを一般化しよう. サンプルサイズ n の m 個のデータ $x_k : x_{1k}, x_{2k}, \ldots, x_{nk}$ $(k = 1, 2, \ldots, m)$ を考える. このとき, 行列 M を以下で定める.

$$M = \begin{pmatrix} x_{11} - \overline{x}_1 & \cdots & x_{1m} - \overline{x}_1 \\ \vdots & \ddots & \vdots \\ x_{n1} - \overline{x}_n & \cdots & x_{nm} - \overline{x}_n \end{pmatrix}$$

行列 M を用いて,

$$S = \frac{1}{n-1} M^T M \tag{3.1}$$

と表される行列を**分散共分散行列** (variance-covariance matrix) または**共分散行列** (covariance matrix) と言う[6]. ここで, M^T は M の転置行列を表す[7]. M は (n, m) 型の行列であり, M^T は (m, n) 型の行列であるから, $M^T M$ は (m, m) 型の正方行列になる. また,

$$S^T = \frac{1}{n-1} (M^T M)^T = \frac{1}{n-1} M^T (M^T)^T = \frac{1}{n-1} M^T M = S$$

となるから, S は対称行列である. また S は $m \times m$ 行列である. M の第 (i, j) 成分は $M_{ij} = x_{ij} - \overline{x}_i$ であるから, M^T の第 (i, j) 成分は $M_{ij}^T = x_{ji} - \overline{x}_j$ である. したがって, S の第 (i, j) 成分 s_{ij} は,

$$s_{ij} = \frac{1}{n-1} \sum_{k=1}^{n} M_{ik}^T M_{kj} = \frac{1}{n-1} \sum_{k=1}^{n} (x_{ki} - \overline{x}_i)(x_{kj} - \overline{x}_j)$$

となる. s_{ij} は, 第 i 変数と第 j 変数の共分散であり, 特に対角成分は第 i 変数の分散になっている. 分散共分散行列は高次元の正規分布を扱う際に基本となる.

同様に, 第 i 変数と第 j 変数の相関係数 (ピアソンの積率相関係数) r_{ij} を (i, j) 成分とする対称行列 R を**相関行列** (correlation matrix) と言う. 分散共分散行列, 相関行列それぞれを R で表示する例を示す. 先にも例に出した iris を用いよう. 分散共分散行列は var, 相関行列は cor を用いて計算することができる.

---

[6] R ではこの定義が採用されている. $n-1$ で割るのは不偏推定量にするため (第 11 章で証明する) であるが, n で割ったものを分散共分散行列としている場合がある. この例に限らず, ソフトウェアで何が計算されているかは仕様をよく確認しておく必要がある. R では, > ?var のようにクエスチョンマークをつけてタイプすると使い方や仕様が表示されるので少しでも疑問があるときは読んでおくとよいだろう. なお, > ?var として Details を読むと, 次の記述がある. The denominator n - 1 is used which gives an unbiased estimator of the (co)variance for i.i.d. observations. ここで i.i.d. とは, 確率論の用語で, "independent and identically distributed" の略である. 独立性など, 確率論の基礎概念については, 第 4 章で説明している.

[7] 数学者は, $^t M$ という記法を好むが, 本書は応用志向なので, 工学でよく用いられる記法を用いた. M' という記法が使われることもある.

38   第 3 章　多変量データの記述 2

```
> iris_mat <- iris[,1:4]
> var(iris_mat)
             Sepal.Length Sepal.Width Petal.Length Petal.Width
Sepal.Length    0.6856935  -0.0424340    1.2743154   0.5162707
Sepal.Width    -0.0424340   0.1899794   -0.3296564  -0.1216394
Petal.Length    1.2743154  -0.3296564    3.1162779   1.2956094
Petal.Width     0.5162707  -0.1216394    1.2956094   0.5810063
> cor(iris_mat)
             Sepal.Length Sepal.Width Petal.Length Petal.Width
Sepal.Length    1.0000000  -0.1175698    0.8717538   0.8179411
Sepal.Width    -0.1175698   1.0000000   -0.4284401  -0.3661259
Petal.Length    0.8717538  -0.4284401    1.0000000   0.9628654
Petal.Width     0.8179411  -0.3661259    0.9628654   1.0000000
```

　相関行列の対角成分は全て 1 になることに注意しよう. 相関行列を見れば, 変数同士の関係が一目瞭然でわかる. また, 相関行列は主成分分析に応用される.

3.6 章末問題

(R) マークは R を使って解答する問題，**(数)** マークは数学的な問題である．

問題 3-1 **(数)** **(R)** 切断効果 (選抜効果) を参考にして，相関がほとんどないデータを 2 つ混ぜたとき，高い正の相関あるいは負の相関を持つような例を，R のシミュレーションを利用して構成せよ．ここで，例えば 100 個の平均 150，標準偏差 10 の正規乱数を発生させるには，rnorm(100, 150, 10) のようにすればよいこと，また，ベクトル x1 の後ろにベクトル x2 をつないで新しいベクトルを作るには，c(x1,x2) のようにすればよいことを利用せよ．

問題 3-2 **(R)** R において棒グラフを描く関数は barplot である．例えば，次のようにすると，図 3.5 が得られる．

```
> x <- c(1,2,2,3)
> barplot(x,names.arg=c("poor","not bad","good","very good"),
                xlab="feeling",ylab="population")
```

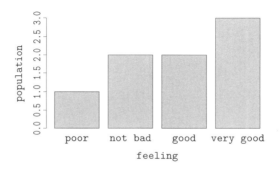

図 3.5：barplot の利用例

これを参考にしてバーの色を変えたり，全体にタイトルをつけたりしてみよ (?barplot とすれば使い方が表示される)．また，ウェブサイトを調べてこの他のテクニックも使ってみよ．

問題 3-3 **(数)** 大学の推薦入試では，高等学校の評定平均 (通常は 5 段階評価の平均) が 3.8 以上，というような基準が設けられ，所定の基準を満たした志願者を受け入れる．筆者が実際に調べた結果だが，推薦入試の志願者 (＝合格者) の評定平均と大学 1 年の成績 (平均点) の相関係数を計算したところ，0 に近い値が得られ，相関は見られなかった．その理由としてどんなことが考えられるか．

問題 3-4 **(数)** n 行 m 列の行列 M に対する分散共分散行列 $S = \frac{1}{n-1}M^T M$ の固有値[*8]は実数であり，非負であることを示せ．また，M が $n > m$ のとき，固有値に 0 が含まれることを示せ．

[*8] 分散共分散行列の固有値分布は，ウィッシャート分布 (Wishart distribution) と呼ばれる確率分布になることが知られている．興味ある読者はランダム行列に関する専門書[5]等を参照されるとよい．

第4章

確率と確率変数

本章では，確率と確率変数について要点を説明する[*1]．本章ではやや抽象的な形で確率の基本的な考え方を述べ，統計学で用いられる確率分布に関わる諸概念を具体例を基にして整理しておく．

4.1 事象

以下，抽象的な話だが，言葉が数学的であることを除けば，言っていることはごく常識的なことなのであまり難しく考えずに読んでほしい．

サイコロを1回投げて出た目を観測することを考えよう．一般に起こりうる結果は，1, 2, 3, 4, 5, 6 のいずれかが出るということである．このとき，起こりうる結果を**標本点** (sample point) と言い，標本点をまとめた集合 $\Omega = \{1,2,3,4,5,6\}$ を**標本空間** (sample space) と言う．標本点は，x, ω のように小文字で表す．標本空間の部分集合 (subset) を**事象** (event) と言う．例えば，偶数の目が出る，という事象は，

$$\{2,4,6\} \subset \Omega$$

である．ここで，$A \subset B$ という記号は，A が B の部分集合という意味であり，A は B の**部分事象** (subevent) であると言う．

特に，何も起きない事象を**空事象** (empty event) と言い，$\emptyset$ (空集合) で表す．標本空間は，連続的であることもある．例えば，人間の身長はとびとびの値をとると考えるよりも連続的な値をとると考える方が自然である．このような場合は，$\Omega = [0,\infty)$ のように0以上の実数全体，あるいは実数全体 $\Omega = (-\infty, \infty)$ を考える方が自然である．

コイン投げを例にして，これまでの用語を確認しておこう．

表を1，裏を0とするとき，標本空間は $\Omega = \{0,1\}$ であり，事象を全て列挙すると，

$$\emptyset, \{1\}, \{0\}, \{1,0\}$$

となる．一般に標本空間が k 個の要素からなる場合，事象は 2^k 個存在する (問題 4–2 参照)．サイコロの場合は $k=6$ であるから，事象は $2^6 = 64$ 個存在する．標本空間が有限個の要素からなる場合，事象は標本空間の部分集合といっても同じことであるが，連続な標本空間を考える場合は，勝手な部分集合ではなく適当な制限をかける必要がある[*2]．詳細はルベーグ積分の概念を必要とするため本書では割愛する．

事象 A の補集合 (A に属さない元全体) を**余事象** (**補事象**) (complementary event) と言い A^c と書く．事象 A と事象 B が同時に起きるという事象を A と B の**積事象** (intersection of event) と言い $A \cap B$ と書く．また，事象 A と事象 B のいずれかが起きる事象を A と B の**和事象** (union of event) と言い $A \cup B$ と書く．これらをベン図で表すと**図 4.1**のようになる．

[*1] 測度論的な確率論 (純粋数学としての確率論) は本書では扱わない．したがって，本章での説明は数学的に厳密ではない部分があるが，応用上はこれで困ることはほとんどない．ただし，端々で「ごまかされた気がする」読者は，これを機にルベーグ積分の教科書を読まれるとよい．

[*2] 例えば，Ω を実数全体とした場合にはボレル集合と呼ばれる集合だけを事象と捉えることが多い．

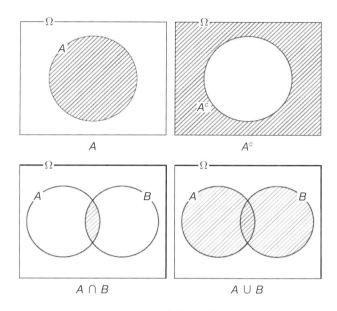

図 4.1：事象の演算

4.2 確率と確率変数

確率変数 (random variable) とは，いろいろな値を決まった確率でとる変数のことである．事象 $A \subset \Omega$ の起きる**確率** (probability) を $P(A)$ で表す．P は，probability の頭文字である．

標本空間 Ω に対する確率は，$P(\Omega) = 1$ とならねばならない．というのは，Ω は起こりうること全体だからである[*3]．また，空事象に関しては $P(\emptyset) = 0$ となる．

サイコロの出目は確率変数である．サイコロが歪んでいなければ，どの目が出る確率も 1/6 である．つまり，X をサイコロの出目とすると，

$$P(X = x) = \frac{1}{6}, \quad x = 1, 2, \ldots, 6$$

となる．ここで，$P(X = x)$ は，$P(\{X = x\})$ と書くべきであるが，煩雑なので，集合の中括弧は省略することが多い．この場合はどの目が出ても同じ確率であるが，もちろん，これらは仮定であって変えることができる．つまり，$p_1 + p_2 + \cdots + p_6 = 1, p_x \geq 0 \ (x = 1, 2, \ldots, 6)$ となるような p_x に対し，

$$P(X = x) = p_x, \quad x = 1, 2, \ldots, 6$$

となるような (一般には歪んだ) サイコロを考えることもできる．

サイコロの場合は，1 から 6 までのとびとびの値をとる**離散確率変数** (discrete random variable)[*4] である．より一般に，n 個の相異なる値 $a_1, a_2, \ldots, a_n$ を等しい確率 $1/n$ でとる確率変数が従う確率分布を，$\{a_1, a_2, \ldots, a_n\}$ を台に持つ**離散一様分布** (discrete uniform distribution) と言う．

[*3] これは一種のモデルであって，現実と完全に対応しているわけではない．例えば，コイン投げのモデルでも想定される結果は，表と裏の 2 種類であるのが普通で，コインが立つ場合 (これは実際に起きることがある) を想定することはあまりないが，この場合を想定して標本空間を考えることもできる．

[*4] より正確には可算無限個の値をとるものも含めて離散確率変数と言う．数学的に細かい議論が必要になるので，本書の読者は常識的に理解してよい．

42　第 4 章　確率と確率変数

離散一様分布では，取りうる値が有限個しかないが，無限個ある場合もある．例えば，1 回につき確率 $p > 0$ で起きる事象 A が n 回目に初めて起きる確率は，A が起きるまでの回数を X としたとき，

$$P(X = n) = p(1 - p)^{n-1}$$

で表される．この確率分布を**幾何分布** (geometric distribution) と言う．ここで，n が大きくなると確率は小さくなっていくが 0 にはならない．いくらでも大きな値を取りうるのである．

一方，身長や体重など，値が連続的に変化すると考えられる場合は，連続な値をとる**連続確率変数** (continuous random variable) を考える．連続確率変数の例は後ほど示す．

X の**累積分布関数** (cumulative distribution function)[*5] を

$$F(x) = P(X \leq x)$$

で定義する．これは確率変数 X が x 以下の値をとる確率である[*6]．累積分布関数は離散的確率変数でも連続的確率変数でも同様に定義される．

当然ながら $F(x)$ は非減少関数である．実際 x が大きくなれば，事象 $\{X \leq x\}$ は集合として大きくなる (少なくとも小さくはならない)．

例えば，$\{X \leq 1\} \subset \{X \leq 2\}$ である．このとき，$F(1) = P(\{X \leq 1\}) \leq P(\{X \leq 2\}) = F(2)$ となる．このように x を大きくしたとき，$F(x) = P(\{X \leq x\}) = P(X \leq x)$ が減ることはない．

4.2.1　確率の基本的な性質

一般に，次の公式が成り立つ．

$$P(A \cup B) = P(A) + P(B) - P(A \cap B) \tag{4.1}$$

がある．特に，A と B が**排反事象** (exclusive event) である，すなわち $A \cap B = \emptyset$ であれば，(4.1) において $P(A \cap B) = P(\emptyset) = 0$ とすることで，

$$P(A \cup B) = P(A) + P(B) \tag{4.2}$$

が成り立つことがわかる．(4.2) を**加法定理**と言うことがある．(4.2) において，特に，$B = A^c$ とすれば，$P(A \cup B) = P(A \cup A^c) = P(\Omega) = 1$ であるから，

$$P(A^c) = 1 - P(A) \tag{4.3}$$

となることがわかる．(4.3) を**余事象の確率公式**と言うことがある．

4.2.2　条件付き確率と独立事象

事象 B $(P(B) > 0)$ が起こった場合にそのうち事象 A が起きる確率は，**図 4.2** のように B という事象のうち A となる割合であるから，

$$P(A|B) = \frac{P(A \cap B)}{P(B)} \tag{4.4}$$

と表すことができる．これを B における A の**条件付き確率** (conditional probability) と言う．

$P(B) = 0$ のときは条件付き確率は定義できない．B における A の条件付き確率が B に影響されない，つまり，

[*5]　単に分布関数と言うこともある．

[*6]　$X = x$ を含めない $F(x) = P(X < x)$ を累積分布関数と言う流儀もあるが本質的な違いはない．

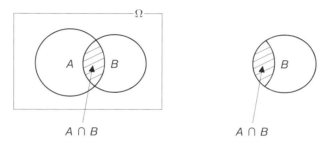

図 4.2：条件付き確率の考え方

$$P(A|B) = \frac{P(A \cap B)}{P(B)} = P(A) \tag{4.5}$$

が成り立つとき，事象 A と B は **独立** (independent) であると言う．A と B が独立であることは，(4.5) を書き換えることによって，

$$P(A \cap B) = P(A)P(B) \tag{4.6}$$

と書くことができる．さらに n 個の事象 $A_1, A_2, \ldots, A_n$ が独立であるとは，(4.6) を一般化して

$$P(A_1 \cap A_2 \cap \cdots \cap A_n) = P(A_1)P(A_2) \cdots P(A_n)$$

が成り立つことを言う．

ここで一点注意すべきは，事象 $A_1, A_2, \ldots, A_n$ が独立である，ということと，これらの相異なる 2 つの事象 A_i, A_j $(i \neq j)$ が全て独立である，すなわち，$P(A_i \cap A_j) = P(A_i)P(A_j)$ が全ての i, j $(i \neq j)$ ペアに対して成立するということからは導けないということである (問題 4–5 参照)．

確率変数 X, Y **が独立である**とは，任意の事象 A, B に対し，

$$P(\{X \in A\} \cap \{Y \in B\}) = P(X \in A)P(Y \in B) \tag{4.7}$$

が成り立つことをいう．事象の独立性と同様，n 個の確率変数 $X_1, X_2, \ldots, X_n$ が独立であるとは，(4.7) を一般化して，

$$P(\{X_1 \in A_1\} \cap \{X_2 \in A_2\} \cap \cdots \cap \{X_n \in A_n\})$$
$$= P(\{X_1 \in A_1\})P(\{X_2 \in A_2\}) \cdots P(\{X_n \in A_n\})$$

が成り立つことをいう．

「独立である」ということの意味をあまり深く考えても応用上有益なことはあまりなく，数学的には，上記の計算規則 (掛け算になるということ) が成り立つことイコール独立であり，それ以上の意味はない．

4.2.3 連続確率変数

先に示したサイコロの出目 X では，$P(X = 1) = 1/6$ であり，X がちょうど 1 である，という事象の確率を考えることが意味を持った．一方，例えばネジの生産においては，ネジは均質に作れるわけではなく，測定にも誤差がつきものである．よって，その寸法は連続的な確率変数と考えることが自然であるが，例えば，ネジの直径 X がちょうど $\sqrt{2}\,[\text{mm}]$ である確率を考えても有益な情報は得られない (そのような確率は 0 である)．そこで，$1.41 \leq X \leq 1.45$ のように幅を持たせて考える．このような確率変数を連続確率変数と言う．多くの連続確率変数は，適当な関数 $f(x)$ を用

いて,

$$P(a \leq X \leq b) = \int_a^b f(x)dx$$

と書くことができる．このとき $f(x)$ を X の**確率密度関数** (probability density function) と言う．確率密度関数は非負 ($f(x) \geq 0$) の関数であるが，連続であるとは限らない．$\Delta x > 0$ が十分小さいものとすると，

$$P(x \leq X \leq x + \Delta x) = \int_x^{x+\Delta x} f(x)dx \approx f(x)\Delta x$$

となる．つまり，確率密度が大きいところはそれだけ高い確率で起きるということである．

確率密度を持つ確率分布の累積分布関数は，

$$F(x) = \int_{-\infty}^x f(s)ds$$

のように書くことができる．$F(x)$ が微分可能であれば[*7]，微分積分学の基本定理より，$F'(x) = f(x)$ が成り立つ．

連続確率分布の例をあげよう．後に詳しく説明するが，閉区間 $[a, b]$ を台に持つ連続一様分布とは，その確率密度関数が，

$$f(x) = \begin{cases} \frac{1}{b-a} & a \leq x \leq b \\ 0 & \text{その他} \end{cases}$$

で与えられる確率分布である．この他に，例えば，次のような確率密度関数に従う確率変数もある．

$$f(x) = \frac{1}{\sqrt{2\pi}\sigma}e^{-\frac{(x-\mu)^2}{2\sigma^2}}$$

ここで，μ, σ は実数の定数で $\sigma > 0$ である．これは正規分布と呼ばれる重要な分布である．この分布についても後に説明する．

4.2.4　多変量確率分布

本書では主に一変量の統計を扱うが，しばしば (一次元の) 確率変数 $X_1, \ldots, X_n$ を並べて作られる確率ベクトル $\boldsymbol{X} = (X_1, \ldots, X_n)$ の確率分布が必要になることがあるので，簡単に説明しておこう．

離散確率変数の場合

離散確率変数 $X_1, \ldots, X_n$ を並べて作られる確率ベクトル $\boldsymbol{X} = (X_1, \ldots, X_n)$ の確率分布

$$P^{\boldsymbol{X}}(B) = P(X \in B)$$

により，$\boldsymbol{X}$ の確率分布を定義する．これを $X_1, \ldots, X_n$ の**結合分布** (joint distribution)[*8]と言う．ここで B は，$\boldsymbol{X}$ の取りうる値全体からなる集合の部分集合である．

ようするに，複数の確率変数をまとめて 1 つの確率変数と見たときの確率分布を結合分布と言うのである．$X_1 = x_1, \ldots, X_n = x_n$ となる確率を $x_1, \ldots, x_n$ の関数と見たもの

$$P(x_1, \ldots, x_n) = P(X_1 = x_1, \ldots, X_n = x_n)$$

を**結合確率関数** (joint probability function) と言う．

例えば，2 枚のコイン 1，コイン 2 を投げて表が出たら 1，裏が出たら 0 と書くことにすると，

[*7]　f が連続であれば $F(x)$ は微分可能になる．

[*8]　同時分布と言うこともある．

コイン 1 の値を確率変数と見たものを X_1，コイン 2 の値を確率変数と見たものを X_2 とすると，(X_1, X_2) のとる値は，$(0, 0)$，$(1, 0)$，$(0, 1)$，$(1, 1)$ の 4 通りであり，各々の確率は 1/4 である．この確率分布が X_1 と X_2 の結合分布である．一般に，2 つの離散的確率変数 X，Y に対し，X，Y の結合確率関数が $P(x, y) = P(X = x, Y = y)$ で与えられるとき，

$$P^X(x) = \sum_y P(x, y)$$

を X の**周辺分布** (marginal distribution) と言う．より一般に $X_1, X_2, \ldots, X_n$ に対し X_j の周辺分布とは，結合確率関数の X_j 以外の変数について和をとったものをいう．

連続確率変数の場合

確率ベクトル $\boldsymbol{X} = (X_1, \ldots, X_n)$ に対し，集合 (正確には $\mathbb{R}^n$ のボレル集合[*9]) B に対して，

$$P^{\boldsymbol{X}}(B) = P(\boldsymbol{X} \in B)$$

により，$\boldsymbol{X}$ の確率分布を定義する．離散確率変数の場合と同様に $X_1, \ldots, X_n$ の結合分布と言う．連続な確率変数の場合，$P^{\boldsymbol{X}}(B)$ の確率密度関数を**結合確率密度関数** (joint probability distribution function) と言う．つまり，

$$P^{\boldsymbol{X}}(B) = \int \cdots \int_B f(x_1, \ldots, x_n) dx_1 \cdots dx_n$$

となる $f(x_1, \ldots, x_n)$ を結合確率密度関数と言う．ここで $\int \cdots \int_B$ は，B 全体にわたる積分を表す．

連続的な確率変数の場合の周辺分布は，離散確率変数における和を積分にして定義する．つまり，$f(x, y)$ を X，Y の結合確率密度関数とするとき，

$$f^X(x) = \int_{-\infty}^{\infty} f(x, y) dy$$

が X の**周辺確率密度関数** (marginal probability density function) である．変数を増やした場合も離散変数の場合と同様に和を積分と解釈して定義する．

一例を挙げておこう．

$$f(x, y) = \frac{1}{\pi} \cdot \frac{1}{(1 + x^2 + y^2)^2} \tag{4.8}$$

を結合確率密度関数とする確率分布を考える．この確率分布に対する X の周辺確率密度関数は，次のようになる．

$$
\begin{aligned}
f^X(x) &= \frac{1}{\pi} \int_{-\infty}^{\infty} \frac{1}{(1 + x^2 + y^2)^2} dy \\
&= \frac{2}{\pi} \int_0^{\infty} \frac{1}{(1 + x^2 + y^2)^2} dy \\
&= \frac{2}{\pi} \cdot \frac{1}{(1 + x^2)^{3/2}} \int_0^{\pi/2} \frac{1}{(1 + \tan^2 \theta)^2} \cdot \frac{d\theta}{\cos^2 \theta} \\
&= \frac{2}{\pi} \cdot \frac{1}{(1 + x^2)^{3/2}} \int_0^{\pi/2} \cos^2 \theta d\theta = \frac{1}{2(1 + x^2)^{3/2}}
\end{aligned}
\tag{4.9}
$$

ここで，2 行目から 3 行目に移るところで $y = \sqrt{1 + x^2} \tan \theta$ と置換積分した．

[*9] 連続な確率変数について厳密な議論を展開するには，この種の制約がいろいろと必要になる．$\mathbb{R}^n$ は n 次元ユークリッド空間である．n 個の実数の組全体からなる集合である．

46 第 4 章　確率と確率変数

4.3　R における確率変数の扱い

ここでは，確率変数の平均 (期待値) や分散について定義に立ち戻って学ぶとともに，R での扱いを学ぶことにしよう．

4.3.1　確率分布の期待値・分散・モーメント

確率変数に対しては平均という語ではなく，**期待値** (expectation) と言うことが多い．期待値の定義は，離散型の確率変数 X に対しては，

$$E(X) = \sum_x xP(X = x) \tag{4.10}$$

と書くことができる．E は Expectation の頭文字から来ている．例えば，サイコロの出目の期待値は，

$$E(X) = 1 \cdot \frac{1}{6} + 2 \cdot \frac{1}{6} + \cdots + 6 \cdot \frac{1}{6} = \frac{7}{2} = 3.5$$

となる．離散確率変数のとる値も一般には無限個ある．例えば，サイコロを投げて 6 の目が初めて出るまでの投げる回数はいくらでも大きな値を取りうる．したがって期待値は一般に無限和となる．今のサイコロ投げで初めて 6 が出るまでの回数の例では期待値は 6 になることが示されるが，一般には無限和が収束するとは限らないので，期待値が常に存在するとは限らない．

連続型の確率変数に対しては和の代わりに積分をすることになる．確率密度関数 $f(x)$ を持つ確率分布に従う確率変数 X であれば，その期待値は，

$$E(X) = \int_{-\infty}^{\infty} xf(x)dx$$

と表される．これは無限区間の積分 (広義積分) であり，常に存在するとは限らない．第 6 章で期待値が存在しない確率分布を扱う．

一般に，$E(X^k)$ $(k = 1, 2, \ldots)$ を考えることもできる．$E(X^k)$ は X の k **次のモーメント** (k-th moment) と呼ばれる．

$[a, b]$ を台に持つ連続一様分布に従う確率変数 X の期待値は $E(X) = \frac{a+b}{2}$ (ちょうど真ん中) であり，直感的にほぼ明らかであるが，定義に従って計算してみると次のようになり，正しいことが確認できる．

$$E(X) = \int_a^b \frac{x}{b-a} dx = \frac{1}{b-a} \left[\frac{x^2}{2} \right]_a^b$$
$$= \frac{b^2 - a^2}{2(b-a)} = \frac{a+b}{2}$$

分散も離散確率変数と連続確率変数で定義が異なる．ここで，μ は期待値である．

$$V(X) = \sum_x (x - \mu)^2 P(X = x) \quad \text{(離散確率変数の場合)} \tag{4.11}$$
$$= \int_{-\infty}^{\infty} (x - \mu)^2 f(x)dx \quad \text{(連続確率変数の場合)}$$

これらも一般には無限和，無限区間の積分であり，存在するとは限らない．

$[a, b]$ を台に持つ連続一様分布に従う確率変数 X の分散は，$V(X) = \frac{(b-a)^2}{12}$ となる．これを確か

めておこう．まず 2 次のモーメント $E(X^2)$ が，

$$E(X^2) = \int_a^b \frac{x^2}{b-a} dx$$
$$= \frac{1}{b-a} \left[\frac{x^3}{3} \right]_a^b$$
$$= \frac{1}{3(b-a)}(b^3 - a^3) = \frac{a^2 + ab + b^2}{3}$$

となるから，

$$V(X) = E(X^2) - E(X)^2$$
$$= \frac{a^2 + ab + b^2}{3} - \frac{(a+b)^2}{4}$$
$$= \frac{4a^2 + 4ab + 4b^2 - 3(a^2 + 2ab + b^2)}{12} = \frac{(b-a)^2}{12}$$

が得られる．ここで，公式 $V(X) = E(X^2) - E(X)^2$ を用いた．この公式は次のようにして一般的に証明できる．以下，$\mu = E(X)$ とした．

$$V(X) = E((X - \mu)^2)$$
$$= E(X^2 - 2\mu X + \mu^2)$$
$$= E(X^2) - 2\mu E(X) + \mu^2 E(1)$$
$$= E(X^2) - 2\mu^2 + \mu^2 = E(X^2) - \mu^2$$

4.3.2　一様分布を例として用語を確認する

抽象的な話が続くので，具体的で数学的にテクニカルではない例として一様分布を取り上げ，上記の用語を確認しておくことにしよう．より複雑な確率分布は次の第 6 章で取り上げる．

ここで説明する一様分布の場合，**表 4.1** のように，一様分布を表す unif に接頭辞のように，d (density=密度)，p (cumulative probability distribution function=累積分布関数)，q (quantile=分位点)，r (random number=乱数) をつけて表現する．これらの関数についても順次説明する．

表 4.1：一様分布に関する関数

関数名	用途
dunif	一様分布の密度関数
punif	一様分布の累積分布関数
qunif	一様分布の分位点関数
runif	一様分布の発生

ここでは一様分布を例にとっているが，正規分布であれば，それぞれ dnorm, pnorm, qnorm, rnorm となる．

4.3.3　確率密度関数 dunif

先にも述べたが，$[a, b]$ を台に持つ連続一様分布とは，確率密度関数が，

$$f(x) = \begin{cases} \frac{1}{b-a} & a \leq x \leq b \\ 0 & それ以外 \end{cases} \tag{4.12}$$

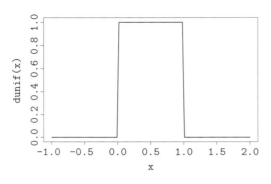

図 4.3：$a=0$, $b=1$ の一様分布の密度関数

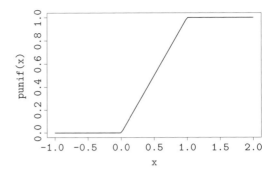

図 4.4：一様分布の累積分布関数

で表される分布のことである．連続一様分布密度関数のグラフ (**図 4.3**) を描くには，次のようにする．この場合，密度関数 (**d**ensity function) であるので，dunif とする．デフォルトでは，$(0,1)$ 上の一様乱数を発生させる．

```
> curve(dunif,from=-1,to=2)
```

一様分布は，面白みはないが，基本的な分布であり，**モンテカルロシミュレーション** (Monte Carlo simulation)[10]では，**一様乱数** (一様分布に従う乱数) が頻繁に用いられる．

4.3.4 累積分布関数 punif

累積分布関数 $F(x) = P(X \leq x)$ の R における表現は，接頭辞 p をつけることでなされる．確率密度関数が $f(x)$ であれば，

$$F(x) = \int_{-\infty}^{x} f(x)dx$$

であるから，一様分布の場合は，$a < x < b$ のとき，

$$F(x) = \int_{-\infty}^{x} f(x)dx$$
$$= \int_{a}^{x} \frac{dx}{b-a} = \frac{x-a}{b-a}$$

となるから，一様分布の累積分布関数は，以下のようになる．

$$F(x) = \begin{cases} 0 & x < a \\ \frac{x-a}{b-a} & a \leq x \leq b \\ 1 & x > b \end{cases}$$

$a = 0$, $b = 1$ の場合の一様分布の累積分布関数のグラフ (**図 4.4**) を描くには，punif を用いて次のようにすればよい．

```
> curve(punif,from=-1,to=2)
```

4.3.5 分位点関数 qunif

q **分位点** (q-quantile) とは，分布を $q : 1-q$ に分割する値である．第 1 章で学んだように，中央

---

[10] 乱数を使った確率的な事象のシミュレーションのこと．モンテカルロは，モナコ公国の北東部，モナコ湾の北岸に位置する市街地の名称で国営カジノが有名である．

値は 1/2 分位点，第一四分位点は 1/4 分位点，第三四分位点は 3/4 分位点に対応する．

一様分布の場合は，予想どおりの値となる．例えば，0 から 1 までの一様分布の 0.95 分位点は，明らかに 0.95 である．実際，

```
> qunif(0.95,min=0,max=1)
[1] 0.95
```

となる (ここで，0 から 1 までの一様分布では min, max を与える必要はないが，一般性を考慮してあえて書いた)．

正規分布 (詳細は第 7 章で解説) のように複雑な分布でも，

```
> qnorm(0.95,mean=0,sd=1)
[1] 1.644854
```

とすれば近似値が求まる．ここで，norm は正規分布 (normal distribution) の略である．ここでは平均と標準偏差を与えているが，平均 0，標準偏差 1 の標準正規分布の場合は省略して，qnorm(0.95) のように書いても同じ結果となる．0.95 分位点のイメージは**図 4.5** のとおりである．

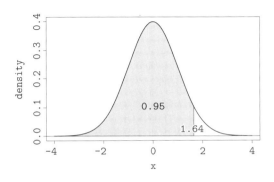

図 4.5：0.95 分位点

累積分布関数と分位点関数は互いに逆関数である．例えば，

```
> qnorm(pnorm(1.1))
[1] 1.1
> pnorm(qnorm(0.3))
[1] 0.3
```

のように，元の値が返ってくる．

4.3.6　一様乱数の発生 runif

例えば，$0 < X < 1$ の範囲の連続一様分布に従う乱数を 6 つ発生させるには，次のようにすればよい．一般には，runif(発生数, min, max) と書けば，$\min < X < \max$ の範囲の一様乱数を発生する．引数を与えなければ，$\min = 0$，$\max = 1$ である．実行例は次のようになる．

```
> runif(6)
[1] 0.8821655 0.2803538 0.3984879 0.7625511 0.6690217 0.2046122
> runif(6)
[1] 0.4837707 0.8124026 0.3703205 0.5465586 0.1702621 0.6249965
```

ここで，実行するたびに値が異なっていることに注意しよう．実行ごとに異なる乱数が出力され

50 第 4 章 確率と確率変数

ることを避けるには，set.seed 関数を使えばよい．set.seed 関数は R が呼び出す疑似乱数発生
関数の初期値 (これをシードと言う) を設定するものである．引数は任意の整数値で，同じ引数に対
しては同じ乱数が生成される．例えば，以下のように同じ値が出力される．

```
> set.seed(100)
> runif(6)
[1] 0.30776611 0.25767250 0.55232243 0.05638315 0.46854928 0.48377074
> set.seed(100)
> runif(6)
[1] 0.30776611 0.25767250 0.55232243 0.05638315 0.46854928 0.48377074
```

　整数の一様乱数を発生させたいこともある．R で離散一様分布に従う乱数を発生させる場合には，
連続一様分布する乱数の小数部分を切り捨てればよい．例えば，サイコロと同じ動きを再現したけ
れば，以下のようにする (動きがわかりやすいようにあえて段階を分けて記述してある)．

```
> x <- runif(5,1,7)
> x
 [1] 2.387503 6.228920 1.730168 1.353263 2.407188
> as.integer(x)
 [1] 2 6 1 1 2
```

　最初に，x <- runif(5,1,7) によって $1 < X < 7$ の範囲の連続一様乱数を 5 個生成してオブ
ジェクト x としている．次に，as.integer によって，小数部分を切り捨てて 1 から 6 までの整数
としている．

4.4 章末問題

(R) マークは R を使って解答する問題，**(数)** マークは数学的な問題である．

問題 4-1 **(数)** 連続的な確率変数 X に対して，その確率密度 $f(x)$ が 1 より大きくなることはあるか．

問題 4-2 **(数)** 標本空間 Ω が k 個の要素からなる場合，事象が 2^k 個存在することを示せ．

問題 4-3 **(数)** A と B が独立であるとき，A^c と B^c も独立であることを示せ (**Hint**：ド・モルガンの法則 $A^c \cap B^c = (A \cup B)^c$ を用いよ)．

問題 4-4 **(数)** 事象 A と B が背反かつ独立で，$P(A) > 0$ かつ $P(B) > 0$ であることは起こり得るか．

問題 4-5 **(数)** 事象 A，B，C がペアごとに独立，$P(A \cap B) = P(A)P(B)$，$P(B \cap C) = P(B)P(C)$，$P(C \cap A) = P(C)P(A)$ だが，A，B，C が独立ではないような事象 A，B，C の例を示せ．

問題 4-6 **(数)** $A_1 \cap A_2 \cap \cdots \cap A_n = \cap_{j=1}^n A_j$，$A_1 \cup A_2 \cup \cdots \cup A_n = \cup_{j=1}^n A_j$ のように表す．次の不等式 (ボンフェローニの不等式) を示せ．

$$P(\cap_{j=1}^n A_j) \geq 1 - \sum_{j=1}^n P(A_j^c)$$

問題 4-7 **(数)** 事象 A，B，C に対し，$A \cap C^c = B \cap C^c$ であれば，$|P(A) - P(B)| \leq P(C)$ であることを示せ．

問題 4-8 **(数)** サイコロ投げで初めて 6 が出るまでの回数の期待値は 6 になることを示せ．

問題 4-9 **(R)** `as.integer` を用いて，与えられた $0 < a < b$ に対し，a 以上，b 未満の整数の値をとる離散一様乱数を n 個生成する関数を作れ．

問題 4-10 **(数)** (4.8) が確率密度関数になっていること，すなわち，全体での積分が 1 になることを示せ．

問題 4-11 **(数)** (4.9) が確率関数になっていることを示せ．

第5章

変数変換・積率母関数

本章では，確率変数の変換と積率母関数について簡単な解説を行う．様々な確率分布の扱いについては次章以降で扱う．

5.1 確率分布の変換

特定の確率分布に従う確率変数 X に対し，例えば，X^2 や $\log X$ のように X の関数の確率分布を求めたいことがある．

一例として，X が0から1の一様分布に従う連続的な確率変数であるものとする．つまり確率密度関数 f_X は以下のように与えられる．

$$f_X(x) = \begin{cases} 1 & 0 \leq x \leq 1 \\ 0 & \text{その他} \end{cases}$$

このとき，確率変数 $Y = X^2$ の確率分布と確率密度関数 f_Y を考える場合には，累積分布関数を考えるのが近道である．Y は負にならないので，$x \leq 0$ のときは，$\{Y \leq x\} = \emptyset$ であるから，Y の累積分布関数 $F_Y(x)$ の $x \leq 0$ における値は，$F_Y(x) = P(\{Y \leq x\}) = P(\emptyset) = 0$ である．また $x \geq 1$ のときは，常に $Y = X^2 < x$ であるから $\{X \leq x\} = \Omega$ であり，$F_Y(x) = P(X \leq x) = P(\Omega) = 1$ で一定である．そこで，$0 \leq x \leq 1$ のときのみ考えることにする．すると，次のように具体的に累積分布関数を計算することができる．

$$\begin{aligned} F_Y(x) = P(Y \leq x) &= \int_{-\infty}^{x} f_Y(s)ds = \int_{0}^{x} f_Y(s)ds \\ &= P(X^2 \leq x) \\ &= P(X \leq \sqrt{x}) \\ &= \int_{-\infty}^{\sqrt{x}} f_X(s)ds = \int_{0}^{\sqrt{x}} f_X(s)ds = \int_{0}^{\sqrt{x}} 1 ds = \sqrt{x} \end{aligned}$$

$F(x)$ を微分すれば，密度関数を得ることもできる．$0 < x \leq 1$ に対し，

$$f(x) = (\sqrt{x})' = \frac{1}{2\sqrt{x}}$$

となることが確認できる．

この計算が正しいことをシミュレーションで確認してみよう．まず，0から1までの値をとる一様乱数を発生させ，これをオブジェクト x とし，$y = x^2$ を計算し，そのヒストグラムを描き，$f(x)$ のグラフを重ね描きするのである．これには次のようにすればよい．実行すると**図5.1**が得られる（ただし，乱数を用いているのでヒストグラムは全く同じにはならない）．

```
> x <- runif(100000)
> y <- x^2
> hist(y,prob=TRUE)
> curve(1/(2*sqrt(x)),0,1,add=TRUE)
```

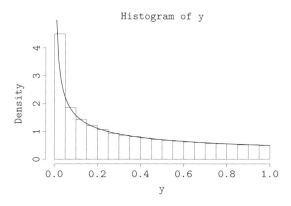

図 5.1：0 から 1 までの範囲の値をとる一様乱数の二乗の分布

図 5.1 を見ると計算結果の正しさが確認できるだろう．

多変量の確率分布に対しても変数変換を定義することができる．確率ベクトル $\boldsymbol{X} = (X_1, \ldots, X_n)$ は連続型で，結合確率密度関数を $f_{\boldsymbol{X}}(x_1, \ldots, x_n)$ とする．$\boldsymbol{X} = (X_1, \ldots, X_n)$ から別の確率ベクトル $\boldsymbol{Y} = (Y_1, \ldots, Y_n)$ への滑らかな 1 対 1 の変換を $\phi = (\phi_1, \ldots, \phi_n)$，逆変換を $\psi = \phi^{-1} = (\psi_1, \ldots, \psi_n)$ とする．このとき，Y の結合確率密度関数 $f_{\boldsymbol{Y}}(y_1, \ldots, y_n)$ は，

$$f_{\boldsymbol{Y}}(y_1, \ldots, y_n) = f_{\boldsymbol{X}}(x_1, \ldots, x_n) \left| \frac{\partial(x_1, \ldots, x_n)}{\partial(y_1, \ldots, y_n)} \right|$$

で表される．ここで，$\dfrac{\partial(x_1, \ldots, x_n)}{\partial(y_1, \ldots, y_n)}$ はヤコビアンである．導出は重積分における変数変換と同様なので省略する．

特に ϕ が行列 G で表される線形変換であるとき，つまり $\boldsymbol{x} = (x_1, \ldots, x_n)$，$\boldsymbol{y} = (y_1, \ldots, y_n)$ としたとき，$\boldsymbol{y} = G\boldsymbol{x}$ であれば，ヤコビアンは $\det(G^{-1}) = 1/\det G$ となる．

5.2 積率母関数

4.3 節で確率変数 X のモーメントを定義し，一次と二次のモーメントから分散を計算した．一般にモーメントを計算する方法があれば便利であろう．

全てのモーメントを求めるには，**積率母関数 (モーメント母関数)** (moment generating function)

$$M_X(t) = E(e^{tX})$$

が便利である[*1]．より具体的には，次のようになる．

$$M_X(t) = \sum_x e^{tx} P(X = x) \quad \text{(離散確率変数の場合)}$$

$$= \int_{-\infty}^{\infty} e^{tx} f(x) dx \quad \text{(連続確率変数の場合)}$$

[*1] t が十分 0 に近いところで定義できれば十分である．ほしいのは $t = 0$ のまわりでのテイラー展開 (マクローリン展開) だけだからである．確率論では，数学的な扱いやすさから，積率母関数ではなく，特性関数 (t の符号を除いてフーリエ変換と同じ) $\phi_X(t) = E(e^{itX})$ が用いられることが多い．数学的な扱いやすさの一例としては，積率母関数はいつでも存在するとは限らないが，特性関数は常に存在するということが挙げられる．本書で特性関数を扱わないのは，その計算上複素関数論が必要になるためで，複素関数論を仮定できるなら特性関数を使って議論した方がよい．

54　第 5 章　変数変換・積率母関数

積率母関数を用いると全てのモーメントを一気に計算できる．実際，e^{tX} をマクローリン展開すると

$$e^{tX} = 1 + tX + \frac{1}{2!}t^2 X^2 + \frac{1}{3!}t^3 X^3 + \cdots$$

となる．この両辺の期待値をとれば[*2]，

$$M_X(t) = E(e^{tX}) = 1 + E(X)t + \frac{1}{2!}E(X^2)t^2 + \frac{1}{3!}E(X^3)t^3 + \cdots \tag{5.1}$$

となるからである[*3]．$M_X(t)$ のマクローリン展開は，

$$M_X(t) = 1 + M_X'(0)t + \frac{1}{2!}M_X''(0)t^2 + \frac{1}{3!}M_X'''(0)t^3 + \cdots \tag{5.2}$$

であるから，(5.1) と (5.2) の係数を比較して，

$$E(X^k) = M_X^{(k)}(0)$$

であることがわかる．ここで $M_X^{(k)}(t)$ は，$M_X(t)$ の k 階導関数を表す．

　第 6 章で詳細を述べるが，平均 0，分散 1 の正規分布の確率密度関数は，

$$f(x) = \frac{1}{\sqrt{2\pi}}e^{-x^2/2}$$

である．この分布のモーメントを直接計算するには，積分

$$E(X^k) = \frac{1}{\sqrt{2\pi}}\int_{-\infty}^{\infty} x^k e^{-x^2/2}dx$$

を求める必要がある．これは可能ではあるが面倒である．そこで，X の積率母関数を求め，そのマクローリン展開を計算しよう．

$$\begin{aligned}
E(e^{tX}) &= \frac{1}{\sqrt{2\pi}}\int_{-\infty}^{\infty} e^{tx}e^{-x^2/2}dx \\
&= \frac{1}{\sqrt{2\pi}}\int_{-\infty}^{\infty} e^{-\frac{(x-t)^2-t^2}{2}}dx \\
&= \frac{e^{t^2/2}}{\sqrt{2\pi}}\int_{-\infty}^{\infty} e^{-\frac{(x-t)^2}{2}}dx \\
&= \frac{e^{t^2/2}}{\sqrt{2\pi}}\int_{-\infty}^{\infty} e^{-\frac{x^2}{2}}dx \\
&= \frac{e^{t^2/2}}{\sqrt{2\pi}}\cdot\sqrt{2\pi} = e^{t^2/2}
\end{aligned} \tag{5.3}$$

$\left(\because \text{ガウス積分 }\int_{-\infty}^{\infty} e^{-ax^2}dx = \sqrt{\frac{\pi}{a}}\ (a>0)\text{ を利用した (問題 5–4 参照)}\right)$

e^x のマクローリン展開の公式に $x = t^2/2$ を代入すれば，

$$E(e^{tX}) = e^{t^2/2} = \sum_{n=0}^{\infty} \frac{t^{2n}}{2^n n!} \tag{5.4}$$

が得られる．

[*2]　話を単純化するために，全てのモーメント $E(X^k)$ が存在すると仮定する．

[*3]　もちろん，これは全てのモーメントが存在すること，および右辺の無限級数が (絶対値が十分小さい t に対して) 収束することを仮定している．ここでの説明はあくまで考え方であって，数学的には十分厳密な議論ではないことに注意されたい．

5.3 独立な確率変数の期待値・分散 55

(5.1) と (5.4) を比較すれば k 次のモーメントが次のようになることがわかる.

$$E(X^k) = \begin{cases} \dfrac{(2n)!}{2^n n!} & \text{偶数 } (k = 2n) \text{ のとき} \\[2ex] 0 & \text{奇数のとき} \end{cases} \tag{5.5}$$

X の確率分布を指定するとモーメントが計算できるが, 逆に, 全てのモーメントを決めると X の確率分布が定まることが知られている. 例えば, (5.5) というモーメントを持つ確率分布は, 平均 0, 分散 1 の正規分布以外にはない.

つまり, 数学的には, 確率分布と積率母関数とは 1 対 1 に対応しており (無条件にというわけではないが), 確率分布の性質を調べるためには, 積率母関数の性質を調べればよいことになる. これは理論的に重要であり, 第 10 章で中心極限定理を証明する際に必要となる.

5.3 独立な確率変数の期待値・分散

以下, $E(X)$, $E(Y)$ の存在を仮定する. 確率変数 X と Y の和については, それが<u>独立であってもなくても</u>,

$$E(X + Y) = E(X) + E(Y)$$

が成り立つ. X と Y の積については同様の性質は一般には成り立たない. しかし, 次の定理が成り立つ.

定理 4. X, Y が<u>独立であれば</u>, 次の公式が成り立つ.

$$E(XY) = E(X)E(Y)$$

証明. 離散的な確率変数の場合のみ証明する[*4].
  X, Y の独立性から, $P(X = x, Y = y) = P(X = x)P(Y = y)$ であることに注意する.

$$\begin{aligned} E(XY) &= \sum_x \sum_y xy P(X = x, Y = y) \\ &= \sum_x \sum_y xy P(X = x)P(Y = y) \\ &= \left(\sum_x x P(X = x) \right) \left(\sum_y y P(Y = y) \right) \\ &= E(X)E(Y) \end{aligned}$$

$\square$

補足 5. 定理 4 は, X, Y が独立でなければこの公式が成り立たないといっているわけではないことに注意しよう. 次のような例がある.

  θ を $[0, 2\pi]$ を台に持つ一様分布に従う確率変数とする. このとき, $X = \cos\theta$, $Y = \sin\theta$ という確率変数を考えると $X^2 + Y^2 = 1$ が成り立つので X, Y は独立ではない. にもかかわらず, 期待値について $E(XY) = E(X)E(Y)$ が成り立つ.
  実際,

[*4] 連続な確率変数についても同様の性質が成り立つ. 証明には重積分に関する知識が必要である.

$$E(X) = \frac{1}{2\pi} \int_0^{2\pi} \cos\theta d\theta$$

$$= \frac{1}{2\pi} \left[\sin\theta \right]_0^{2\pi} = 0$$

$$E(Y) = \frac{1}{2\pi} \int_0^{2\pi} \sin\theta d\theta$$

$$= \frac{1}{2\pi} \left[-\cos\theta \right]_0^{2\pi} = 0$$

$$E(XY) = \frac{1}{2\pi} \int_0^{2\pi} \cos\theta \sin\theta d\theta$$

$$= \frac{1}{4\pi} \int_0^{2\pi} \sin 2\theta d\theta$$

$$= \frac{1}{4\pi} \left[-\frac{1}{2} \sin 2\theta \right]_0^{2\pi} = 0$$

となり，$E(XY) = E(X)E(Y) = 0$ が成り立っていることがわかる.

定理 4 は，次の定理 6 のように一般化される.

定理 6. X, Y を独立な確率変数とする. このとき関数 $\phi_1(x)$, $\phi_2(y)$ に対し，$\phi(X)$, $\phi(Y)$ も独立であり，$E(|\phi_1(X)|)$, $E(|\phi_2(Y)|)$ がともに有限であるならば，

$$E(\phi_1(X)\phi_2(Y)) = E(\phi_1(X))E(\phi_2(Y)) \tag{5.6}$$

が成り立つ. 特に，$E(e^{tX})$, $E(e^{tY})$ がともに有限であるならば，以下が成り立つ.

$$E(e^{t(X+Y)}) = E(e^{tX})E(e^{tY}) \tag{5.7}$$

例えば，$\phi_1(x) = x^2 + 2x + 3$, $\phi_2(y) = e^y$ などとしても (5.6) が成り立つ[*5]. 積の期待値が分解できることを使えば，分散について，次の公式が成り立つこともわかる. 以下 $V(X)$, $V(Y)$ が存在すると仮定する.

定理 7. X と Y が<u>独立</u>であれば，次の公式が成り立つ.

$$V(X+Y) = V(X) + V(Y)$$

証明. これを示すには，$V(X) = E((X - E(X))^2)$ と，(5.6) を使う. $E(X - E(X)) = E(X) - E(X) = 0$ であることにも注意しよう.

$$V(X+Y)$$
$$= E((X + Y - E(X + Y))^2)$$
$$= E(((X - E(X)) + (Y - E(Y)))^2)$$
$$= E((X - E(X))^2 + (Y - E(Y))^2 + 2(X - E(X))(Y - E(Y)))$$
$$= E((X - E(X))^2) + E((Y - E(Y))^2) + 2E((X - E(X))(Y - E(Y)))$$
$$= E((X - E(X))^2) + E((Y - E(Y))^2) + 2E(X - E(X))E(Y - E(Y))$$
$$= E((X - E(X))^2) + E((Y - E(Y))^2) = V(X) + V(Y) \qquad \square$$

[*5] 当然ながら，(5.6) の両辺の期待値が存在すればの話である.

5.4 章末問題

(R) マークは R を使って解答する問題，**(数)** マークは数学的な問題である．

問題 5-1 **(数)(R)** X を $[0,1]$ に台を持つ連続一様分布に従う確率変数とする．このとき，$Y = \sqrt{X}$ の従う分布の確率密度関数 $f_Y(x)$ を求めよ．また，Y の分布に従う乱数を 10 万個発生させヒストグラムを描き，求めた $f_Y(x)$ のグラフを重ね描きせよ．

問題 5-2 **(数)(R)** X を $[0,1]$ に台を持つ連続一様分布に従う確率変数とする．このとき，$Y = -\log(1-X)$ の従う分布の確率密度関数 $f_Y(x)$ を求めよ．また，Y の分布に従う乱数を 10 万個発生させヒストグラムを描き，求めた $f_Y(x)$ のグラフを重ね描きせよ．

問題 5-3 **(数)(R)** X を $[-\pi/2, \pi/2]$ に台を持つ連続一様分布に従う確率変数とする．このとき，$Y = \sin X$ の従う分布の確率密度関数 $f_Y(x)$ を求めよ．また，Y の分布に従う乱数を 10 万個発生させヒストグラムを描き，求めた $f_Y(x)$ のグラフを重ね描きせよ．

問題 5-4 **(数)**

$$I = \int_{-\infty}^{\infty} e^{-ax^2} dx = \sqrt{\frac{\pi}{a}} \quad (a > 0)$$

を証明したい．以下の問に答えよ．
(1) 次の等式を示せ．

$$I^2 = \int_{-\infty}^{\infty} \int_{-\infty}^{\infty} e^{-a(x^2+y^2)} dxdy$$

(2) (1) の等式の右辺を極座標変換 $(x = r\cos\theta, \; y = r\sin\theta)$ せよ．
(3) I を求めよ．

問題 5-5 **(数)** 次の確率密度を持つ確率分布 (指数分布) に従う確率変数 X の積率母関数を求め，k 次のモーメントを求めよ．ここで，$\lambda > 0$ は定数である．

$$f(x) = \begin{cases} \lambda e^{-\lambda x} & x > 0 \\ 0 & その他 \end{cases}$$

問題 5-6 **(数)** $[a,b]$ を台に持つ連続一様分布に従う確率変数 X の積率母関数 $M_X(t)$ を求めよ．ただし $t \neq 0$ とする．$M_X(t)$ は $t = 0$ で直接定義できないが，$t \to 0$ の極限を考えれば正しい期待値，分散が求まることを確認せよ．

第6章

離散的な確率分布

本章では，主な離散確率分布を説明する．R には主要な確率分布関数が標準で用意されているので，その使い方も含めて列挙し，解説する．各種の離散確率分布の定義を知り，R に組み込まれた確率分布関数を使うことができるようになることが本章の第一の目的である．第二の目的は，第5章で学んだ積率母関数の使い方を学習することである．

確率分布の種類は膨大であり，本章および次章で触れるのはほんの一部である．それでも相当量があるので，後に必要になってから戻ってきてもよい．

6.1 二項分布

1回の試行で確率 $p\,(0 \leq p \leq 1)$ で起きる事象が n 回の試行で k 回起きる確率は，

$$P(X = k) = {}_nC_k p^k (1-p)^{n-k}, \quad k = 0, 1, 2, \ldots, n \tag{6.1}$$

で表すことができる．これを**二項分布** (binomial distribution) と言い，記号 $Bi(n, p)$ で表す．期待値は $E(X) = np$，分散は $V(X) = np(1-p)$ である（期待値と分散がこの式で書けることは後ほど確認する）．

R を使って二項分布する確率変数に対して所定の確率を計算するには，dbinom, pbinom 関数を使えばよい．例えば，歪んだコインがあり，表が出る確率が $p = 0.6$ である場合，10回の試行で表が7回出る確率は，

$$P(X = 7) = {}_{10}C_7 0.6^7 (1 - 0.6)^{10-7}$$

であるが，R で計算するには dbinom 関数を使って，

```
> dbinom(7, 10, p=0.6)
[1] 0.2149908
```

とすればよい．p=0.6 は単に 0.6 と書いてもよいが，引数の順番に気を付けないと見づらいことも多いので，慣れないうちは必要に応じて引数の名前を書くとよい．

$P(X=1)$，$P(X=5)$，$P(X=8)$ を一気に計算するには，次のようにすればよい．

```
> dbinom(c(1,5,8),10, p=0.6)
[1] 0.001572864 0.200658125 0.120932352
```

このコインを10回投げて表が3回以下である確率は，pbinom 関数を使って，

```
> pbinom(3,10,p=0.6)
[1] 0.05476188
```

となる．これは，確率の和

$$P(X \leq 3) = \sum_{k=0}^{3} P(X = k)$$

を計算することと同じなので，

```
> sum(dbinom(0:3,10,p=0.6))
[1] 0.05476188
```

のように計算しても同じ結果となる．

補足 8. ここでは特に必要ないことだが，小数点以下の桁数が多すぎて見づらい場合には，round 関数を用いて丸めることもできる．例えば，今の計算結果を小数点以下第 3 位まで (第 4 位を四捨五入して) 求めるには，round の引数に次のように「3」を渡せばよい．

```
> round(sum(dbinom(0:3,10,p=0.6)),3)
[1] 0.055
```

次に二項分布のグラフ (棒グラフ) を見てみよう．$p = 1/2$，$n = 10$ の場合の二項分布のグラフ (**図 6.1**) を描くには，次のようにすればよい．

```
> barplot(dbinom(0:10, 10, 0.5),names=0:10,xlab="x")
```

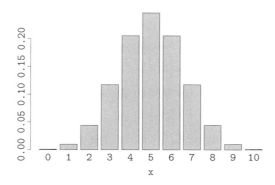

図 6.1：$p = 1/2$，$n = 10$ の二項分布

6.2 二項分布の期待値と分散の導出

期待値が np であることは，確率 p で起きることを n 回やるのだから感覚的には明らかであろう．直接計算で示すには次のようにすればよい．

$$\begin{aligned}
E(X) &= \sum_{k=0}^{n} kP(X=k) \\
&= \sum_{k=0}^{n} k\,_n\mathrm{C}_k p^k (1-p)^{n-k} \\
&= \sum_{k=0}^{n} k \frac{n!}{k!(n-k)!} p^k (1-p)^{n-k} \\
&= \sum_{k=1}^{n} \frac{n!}{(k-1)!(n-k)!} p^k (1-p)^{n-k} \\
&= np \sum_{k=1}^{n} \frac{(n-1)!}{(k-1)!((n-1)-(k-1))!} p^{k-1} (1-p)^{(n-1)-(k-1)} \\
&= np \sum_{j=0}^{n-1} \frac{(n-1)!}{j!((n-1)-j)!} p^{j} (1-p)^{(n-1)-j}
\end{aligned}$$

60　第 6 章　離散的な確率分布

$$= np(p + (1-p))^{n-1} = np$$

分散はもう少し難しいが，5.2 節の積率母関数を用いれば見通しよく計算できる．積率母関数を使う練習として，二項分布の積率母関数を導き，期待値と分散を計算してみよう．

$$M_X(t) = E(e^{tX}) = \sum_{k=0}^{n} e^{tk} P(X = k)$$
$$= \sum_{k=0}^{n} e^{tk}{}_n\mathrm{C}_k p^k (1-p)^{n-k}$$
$$= \sum_{k=0}^{n} {}_n\mathrm{C}_k (pe^t)^k (1-p)^{n-k}$$
$$= (pe^t + (1-p))^n$$
$$M_X'(t) = npe^t (pe^t + (1-p))^{n-1}$$

であるから，式 (5.2) から $E(X) = M_X'(0) = np$ がすぐにわかる．期待値を定義から直接計算するよりもはるかに見通しがよいことがわかるだろう．

$$M_X''(t) = npe^t(pe^t + (1-p))^{n-1} + (npe^t)(n-1)pe^t(pe^t + (1-p))^{n-2}$$
$$= npe^t(npe^t + (1-p))(pe^t + (1-p))^{n-2}$$

であるから，$E(X^2) = M_X''(0) = np(np + 1 - p) = n^2 p^2 + np(1-p)$ となることがわかる．したがって分散は，次のようになる．

$$V(X) = E(X^2) - E(X)^2$$
$$= n^2 p^2 + np(1-p) - (np)^2$$
$$= np(1-p)$$

6.3　ポアソン分布

独立かつランダムに起きる事象が一定の期間 (例えば 1 日，1 ヶ月，1 年等) に起きる回数 X は，**ポアソン分布** (Poisson distribution)

$$P(X = k) = \frac{\lambda^k}{k!} e^{-\lambda}, \quad k = 0, 1, 2, \ldots \tag{6.2}$$

に従う．期待値は $E(X) = \lambda$，分散は $V(X) = \lambda$ である．

$\lambda = 2.3$ としたときのポアソン分布のグラフ (棒グラフ) を見てみよう．R では，次のようにすると，**図 6.2** が得られる．

```
> barplot(dpois(0:10,lambda=2.3),names=0:10,xlab="x")
```

ポアソン分布は離散的な確率分布であるのでなめらかなグラフではなく，棒グラフとなる．図 6.2 を見ればわかるように，左に山がある非対称な確率分布である．

ポアソン分布は，二項分布において，$np = \lambda$ を一定として $n \to \infty$ として導かれる．k を止めて n を大きくする極限になっている．

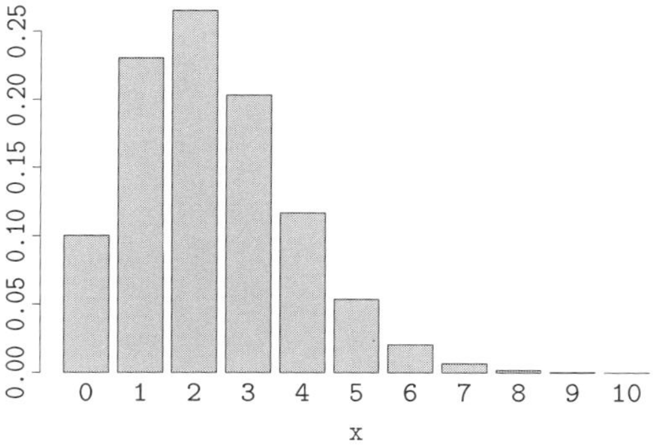

6.3 ポアソン分布　61

図 6.2：$\lambda = 2.3$ のポアソン分布

$$
{}_nC_k p^k (1-p)^{n-k}
$$

$$
= \frac{n!}{k!(n-k)!} p^k (1-p)^{n-k}
$$

$$
= \frac{n!}{k!(n-k)!} \left(\frac{\lambda}{n}\right)^k \left(1 - \frac{\lambda}{n}\right)^{n-k}
$$

$$
= \frac{n(n-1)\cdots(n-k+1)}{k!} \left(\frac{\lambda}{n}\right)^k \left(1 - \frac{\lambda}{n}\right)^{n-k}
$$

$$
= \frac{\lambda^k}{k!} \left(1 - \frac{1}{n}\right) \cdots \left(1 - \frac{k-1}{n}\right) \left(1 - \frac{\lambda}{n}\right)^n \left(1 - \frac{\lambda}{n}\right)^{-k}
$$

$$
\rightarrow \quad \frac{\lambda^k}{k!} e^{-\lambda} \quad (n \to \infty)
$$

$$
\left(\because \frac{n!}{(n-k)!n^k} \to 1, \left(1 - \frac{\lambda}{n}\right)^n \to e^{-\lambda}, \left(1 - \frac{\lambda}{n}\right)^{-k} \to 1 (n \to \infty) \right)
$$

よって，期待値が $E(X) = \lambda$ となることは明らかであり，分散も $V(X) = np(1-p) = \lambda(1 - \frac{\lambda}{n}) \to \lambda$ となることも確認できる (もちろん積率母関数を使って求めることもできる．問題 6–3 参照).

　ポアソン分布は，様々な現象に普遍的に現れる不思議な確率分布である．実際の例として，1974 年から 2007 年までの間に日本で起きた大型航空機事故の年あたりの回数を見てみよう (筆者カウント)．例えば 1974 年に日本で起きた大型航空機の事故は以下の 5 件である (運輸安全委員会による).

---

　5 月　2 日　　東京国際空港 JA8113 ボーイング 747-200B 日本航空
　5 月 30 日　　公海マニラ〜香港 JA8019 ダグラス DC-8-50 日本航空
　5 月 21 日　　大阪国際空港 JA8782 日本航空機製造 YS-11A 全日本空輸
　6 月 21 日　　東京国際空港 JA8101 ボーイング 747-100 日本航空
10 月 21 日　　那覇空港 N782FT ダグラス DC-8-63F フライングタイガー

このように，各年で起きた事故の回数を数えたデータが**表 6.1** である．

表 6.1 のデータを years というベクトルにして，平均 λ を求める (これは λ の最尤推定値になっ

表 6.1：1974 年から 2007 年までの間に起きた大型航空機事故の回数

事故の回数	0	1	2	3	4	5	6	7	8
該当する年の数	1	6	6	8	5	7	0	1	0

ている．最尤推定については 11.2 節で学ぶ）には，次のようにする．

以下では，1 行目で表 6.1 の該当する年の数を years に設定し，さらに 2 行目でその期待値を求め m に設定している．

```
> years <- c(1,6,6,8,5,7,0,1,0)
> m <- sum((0:8)*years)/sum(years)
> m
[1] 3.058824
```

つまり，一年あたりの事故の回数は，3.058824 となる．

この m を平均値 λ とするポアソン分布の理論値との比較を試みたものが，**図 6.3** である．実データが黒，理論値がグレーのバーで表されている．

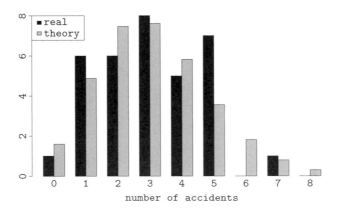

図 6.3：大型航空機事故の回数と理論値の比較

図 6.3 を表示するには次のようにすればよい．

以下では，$\lambda = m$ のポアソン分布に従う確率変数 $X = k$ $(k = 0, 1, \ldots, 8)$ の各確率を計算し，各確率に表 6.1 の該当する年の数の総和を掛けることで，事故の回数ごとの該当する年の数の期待値を計算している．この値と表 6.1 の該当する年の数を並べてグラフにするために，1 行目でデータフレームを作成している．また 2 行目でグラフの描画を行い，3 行目で図 6.3 の左上にある，グラフの色の説明を入れている．

```
> data <- data.frame(years,sum(years)*dpois(0:8,lambda=m))
> barplot(t(data), col = c("black", "gray"), beside = TRUE,
                    names.arg=0:8,xlab="number of accidents")
> legend("topleft", legend = c("real", "theory"),
                bg = "transparent", fill = c("black", "gray"))
```

理論値とのずれが誤差の範囲内といえるかどうかは適合度検定という技術を使って判定する．ただし，本書では説明しない．

6.4 幾何分布

1 回の試行で，確率 p $(0 < p < 1)$ で起きる事象が初めて起きるまでの試行回数 X が $k(\geq 1)$ となる確率は，

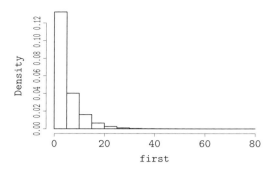

図 6.4：サイコロで 1 の目が出るまでの回数のヒストグラム

$$P(X=k) = p(1-p)^{k-1} \qquad (6.3)$$

と表される．つまり $k-1$ 回連続してその事象が起きず，k 回目で初めて起きるからである．これを幾何分布と言う．幾何分布の期待値は $E(X) = 1/p$，分散は $V(X) = (1-p)/p^2$ である．期待値は我々の直感と合致する値である．例えば，サイコロの例でいえば，1 の目が出るまでに平均 6 回くらいかかるということである．R で確率 $p = 1/6$ の場合の幾何分布に従う確率変数を 10 万回発生させてヒストグラム (図 6.4) を描いてみる．

```
> first <- rgeom(100000,prob=1/6)
> hist(first,prob=TRUE)
```

確率は小さくなるが，原理的には X はいくらでも大きな値を取りうる．

幾何分布の積率母関数は，$e^t(1-p) < 1$ となるように t をとっておけば[*1]，

$$\begin{aligned}
M_X(t) = E(e^{tX}) &= \sum_{x=1}^{\infty} e^{tx} P(X=x) \\
&= \sum_{x=1}^{\infty} e^{tx} p(1-p)^{x-1} \\
&= p \sum_{x=1}^{\infty} (e^t(1-p))^x (1-p)^{-1} \\
&= \frac{p}{1-p} \frac{e^t(1-p)}{1-e^t(1-p)} \quad (\because \sum_{x=1}^{\infty} (e^t(1-p))^x = \frac{e^t(1-p)}{1-e^t(1-p)}) \\
&= \frac{pe^t}{1-e^t(1-p)}
\end{aligned}$$

となる．

$$\begin{aligned}
M_X'(t) &= p \frac{e^t(1-e^t(1-p)) - e^t(-e^t(1-p))}{(1-e^t(1-p))^2} \\
&= \frac{pe^t}{(1-e^t(1-p))^2}
\end{aligned}$$

となるから，$E(X) = M_X'(0) = 1/p$ となることがわかる．同様に二階微分を計算すると，

[*1] つまり，$t < \log \frac{1}{1-p}$ となるようにとる．

$$M_X''(t) = \frac{pe^t(1+(1-p)e^t)}{(1-e^t(1-p))^3}$$

となることがわかる．よって，

$$E(X^2) = M_X''(0) = \frac{2-p}{p^2}$$

となり，

$$V(X) = E(X^2) - E(X)^2 = \frac{2-p}{p^2} - \frac{1}{p^2} = \frac{1-p}{p^2}$$

が得られる．

6.5 負の二項分布

幾何分布は，最初に成功する (事象が起きる) までの回数の分布であったが，r 回目の事象が起きるまでの失敗 (事象が起きない) 回数 X が k である確率は，

$$P(X = k) = {}_{r+k-1}C_k p^r (1-p)^k, \quad k = 0, 1, 2, \ldots \tag{6.4}$$

で表される．これを**負の二項分布** (negative binomial distribution) または**パスカル分布** (Pascal distribution) と言い，$\mathrm{NB}(r, p)$ と略記する．$r = 1$ のときは幾何分布に一致する．負の二項分布は一般化線形モデルで用いられる．一般化線形モデルについては省略するが，興味ある読者は Annette J.Dobson の書籍 [8] を参考にするとよい[*2]．負の二項分布のグラフは，nbinom を用いれば描くことができる．$r = 3$，$p = 0.2$ のときは，以下のように size=3, prob=0.2 と指定すると**図 6.5** が描かれる．

```
k <- 0:40
barplot(dnbinom(k,size=3,prob=0.2),names.arg = k)
```

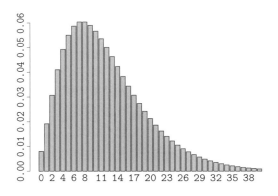

図 6.5：$r = 3$，$p = 0.2$ の場合の負の二項分布

負の二項分布は r, p を変えることによって形状がかなり大きく変わる (問題 6–2 参照)．図 6.5 はポアソン分布と似ているが，ポアソン分布が 1 つしかパラメータを持たない (平均と分散が等しい) のに対して，負の二項分布は 2 つのパラメータを持つため柔軟性が高いのである．

負の二項分布と呼ばれるのは，

[*2] なお，本書の続編「R で学ぶ確率統計学 (多変量統計編)」でも説明する予定である．

$$_{r+k-1}\mathrm{C}_k = (-1)^k{_{-r}\mathrm{C}_k} \tag{6.5}$$

と書けるため，

$$P(X=k) = {_{-r}\mathrm{C}_k}\left(-\frac{1-p}{p}\right)^k\left(\frac{1}{p}\right)^{-r-k}$$

となり，形式的に二項分布と同じ形をしているからである．(6.5) は，次のようにすればわかる．

$$\begin{aligned}
_{r+k-1}\mathrm{C}_k &= \frac{(r+k-1)!}{k!((r+k-1)-k)!} \\
&= \frac{(r+k-1)(r+k-2)\cdots r}{k!} \\
&= (-1)^k\frac{(-r)(-r-1)\cdots(-r-(k-1))}{k!} = (-1)^k{_{-r}\mathrm{C}_k}
\end{aligned}$$

負の二項係数は，二項係数の一般化になっている．実際，$f(x) = (1+x)^{-r}(|x|<1)$ の k 階微分は，

$$f^{(k)}(x) = (-r)(-r-1)\cdots(-r-(k-1))(1+x)^{-r-k}$$

であるから，$f(x)$ をマクローリン展開すると，

$$\begin{aligned}
f(x) &= \sum_{k=0}^{\infty}\frac{f^{(k)}(0)}{k!}x^k \\
&= \sum_{k=0}^{\infty}\frac{(-r)(-r-1)\cdots(-r-(k-1))}{k!}x^k \\
&= \sum_{k=0}^{\infty}{_{-r}\mathrm{C}_k}x^k
\end{aligned}$$

となる．つまり，

$$(1+x)^{-r} = \sum_{k=0}^{\infty}{_{-r}\mathrm{C}_k}x^k \tag{6.6}$$

が成り立つ．

期待値と分散は，それぞれ $E(X) = r(1-p)/p$，$V(X) = q(1-p)/p^2$ となる (問題 6-6 参照).

66　第 6 章　離散的な確率分布

6.6　章末問題

(R) マークは R を使って解答する問題，**(数)** マークは数学的な問題である．

問題 6-1 **(R)**　λ をいろいろに変えてポアソン分布 (式 (6.2)) のグラフを描け．

問題 6-2 **(R)**　様々なパラメータ r, p に対し，負の二項分布 (式 (6.4)) のグラフを描け．

問題 6-3 **(数)**　ポアソン分布 (式 (6.2)) に従う確率変数 X の積率母関数 $M_X(t)$ を計算せよ．また $M_X(t)$ を用いて期待値と分散を計算せよ．

問題 6-4 **(数)**　ポアソン分布 (6.2) に従う確率変数 X の積率母関数 $M_X(t)$ を用いて，X, Y がそれぞれパラメータ λ_1, λ_2 を持つポアソン分布に従うものとする．このとき，$X + Y$ もポアソン分布に従うことを示せ (これをポアソン分布の再生性と言う)．

問題 6-5 **(数)**　幾何分布の期待値を直接

$$E(X) = p \sum_{k=1}^{\infty} k(1-p)^{k-1} \tag{6.7}$$

を計算することによって求めよ．

問題 6-6 **(数)**　負の二項分布の期待値と分散が，$E(X) = r(1-p)/p$, $V(X) = q(1-p)/p^2$ となることを示せ (**Hint**：最初に積率母関数を計算せよ)．

第7章

連続的な確率分布

　本章では，主な連続的確率分布を個別に説明する．本章で触れない連続的な確率分布 (例えば t 分布) に関しては後の章で必要に応じて触れる．

7.1　正規分布

　正規分布 (normal distribution) の発見者は，カール・フリードリヒ・ガウス (**図 7.1**) である．正規分布は，彼の名をとって**ガウス分布** (Gaussian distribution) とも呼ばれる．統計学において最も重要な分布である．その理由は，第 10 章で明らかになる．

図 7.1：カール・フリードリヒ・ガウス

　ここでは，正規分布の特徴を押さえておくことにしよう．正規分布は，

$$f(x) = \frac{1}{\sqrt{2\pi}\sigma} e^{-\frac{(x-\mu)^2}{2\sigma^2}}$$

を密度関数に持つ確率分布である．平均は μ，分散が σ^2 であることが容易に確認できる (問題 7–1)．平均 μ，分散 σ^2 の正規分布を $N(\mu, \sigma^2)$ と書く．N は normal の頭文字である．特に平均 0，分散 1 の正規分布 $N(0,1)$ は標準正規分布と呼ばれる．平均 5，標準偏差 1 の正規分布の密度関数のグラフを描くには，次のようにする (**図 7.2**)．

```
> curve(dnorm(x,mean=5,sd=1), 1, 9, type="l")
```

　$N(8, 4)$ に従う確率変数 X に対し，確率 $P(X > 9)$ を求めたければ，`pnorm(z)` が下側確率 $P(X < z)$ を与えることを利用して，

$$P(X > 9) = P(X \geq 9) = 1 - P(X < 9)$$

を計算すればよい．ここで確率分布は連続なので，特定の値をとる確率は 0 であることに注意しよう ($P(X = 9) = 0$ である)．計算のために，`pnorm` 関数には `mean=8`, `sd=2` を与えておく (デフォ

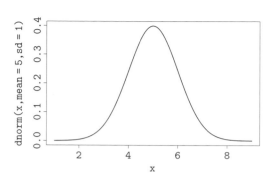

図 7.2：平均 5, 標準偏差 1 の正規分布の密度関数

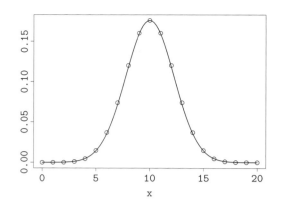

図 7.3：$N(np, np(1-p))$ と $\text{Bi}(n,p)$, $n=20$, $p=1/2$ の重ね合わせ

ルトでは，mean=0, sd=1 になっている). 具体的には，次のようにすればよい．

```
> 1-pnorm(9,mean=8,sd=2)
[1] 0.3085375
```

よって，$P(X > 9) = 0.3085375$ となる．

正規分布は二項分布の極限として捉えることができる (問題 10–2 参照). つまり, n が十分大きければ, $\text{Bi}(n,p)$ は $N(np, np(1-p))$ でよく近似できる (**ド・モアブル＝ラプラスの定理**).

この事実を R で確認しておこう．$n=20$, $p=1/2$ として, $N(np, np(1-p))$ と $\text{Bi}(n,p)$ を重ね合わせた結果が**図 7.3** である．白丸が二項分布，実線が正規分布である．極めてよく近似されていることがわかると思う．図 7.3 を描くには，次のようにする．

```
> plot(0:20,dbinom(0:20,20,prob=0.5),xlab="",ylab="")
> par(new=TRUE)
> curve(dnorm(x,mean=10,sd=sqrt(20*0.5*(1-0.5))),0,20,xlab="x",ylab="",axes=FALSE)
```

7.2　対数正規分布

X が**対数正規分布** (lognormal distribution) するとは,「X の対数をとったものが正規分布する」ということを意味する．これが，対数正規分布という名前の由来である．対数正規分布は，正の値をとる独立な確率変数の積をとると現れる．中程度の所得の分布が対数正規分布で近似できることはよく知られている．密度関数は次のようにして計算できる. $\log X$ が平均 μ, 分散 σ^2 の正規分布に従うとし，X の累積分布関数を $F(x) = P(X \leq x)$, 密度関数を $f(x)$ とすれば，

$$F(e^z) = P(X \leq e^z) = P(\log X \leq z) = \int_{-\infty}^{z} \frac{1}{\sqrt{2\pi}\sigma} e^{-\frac{(y-\mu)^2}{2\sigma^2}} dy \tag{7.1}$$

(7.1) の両辺を z で微分すれば (7.2) が得られる．

$$e^z f(e^z) = \frac{1}{\sqrt{2\pi}\sigma} e^{-\frac{(z-\mu)^2}{2\sigma^2}} \tag{7.2}$$

(7.2) の e^z をあらためて $x(>0)$ とおき，$z = \log x$ に注意して f について解けば，X の密度関数が (7.3) となることがわかる．

$$f(x) = \frac{1}{\sqrt{2\pi}\sigma x}e^{-\frac{(\log x - \mu)^2}{2\sigma^2}} \tag{7.3}$$

期待値は $E(X) = e^{\mu + \frac{\sigma^2}{2}}$，分散は $e^{2\mu + \sigma^2}(e^{\sigma^2} - 1)$ となり，μ，σ^2 には一致しない (問題 7–2, 7–4 参照)．対数正規分布の積率母関数は，$t \leq 0$ でしか存在しない．また，積率母関数は初等的に書けないことが知られている．ただし，全ての次数のモーメントを計算できる (問題 7–4 参照)．R では，μ を meanlog，σ を sdlog で与える (図 7.4)．

> curve(dlnorm(x,meanlog=1, sdlog=1), 0,10,type="l")

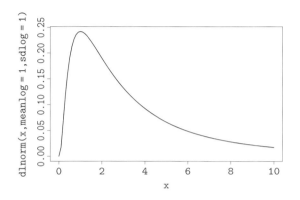

図 7.4：meanlog=1，sdlog=1 の対数正規分布の密度関数

7.3 指数分布

第 6 章で説明したように，ある地域における 1 年間の交通事故の回数や一定時間の間に届くメールの数など，独立に生じる事象が一定期間に起きる回数の分布はポアソン分布に従う．定められた期間に事象が起きる回数の平均が λ であるとして一度事象が起きてその後同様の事象が起きるまでの間隔 (時間) の分布がどうなるかを考えてみよう．事象が起きるまでの時間が $x \geq 0$ より大きくなる確率を考える．これは期間 x の間事象が起きない (事象の回数が 0) であるということである．期間 x で区切って事象を観測すると事象は平均 λx 回起きる．よって，$P(X > x)$ は，ポアソン分布における $k = 0$ の確率 $e^{-\lambda x}$ に等しい．余事象の確率を考えれば，累積分布関数は，

$$F(x) = P(X \leq x) = 1 - P(X > x) = 1 - e^{-\lambda x}$$

となり，これを微分して，確率密度関数

$$f(x) = \lambda e^{-\lambda x} \quad (x \geq 0) \tag{7.4}$$

が得られる．これが指数分布である (図 7.5)．R では，λ は rate と表現される．図 7.5 を表示するには次のようにする．

> curve(dexp(x,rate=2))

指数分布の期待値は $E(X) = 1/\lambda$，分散は $V(X) = 1/\lambda^2$ となる．単位時間以内の到着した指数分布に従う事象の数を数えると図 7.6 のようになる．R では次のようにする．

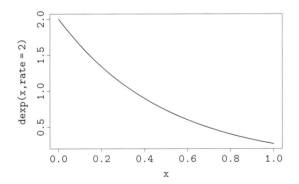

図 7.5：$\lambda = 2$ の指数分布の密度関数

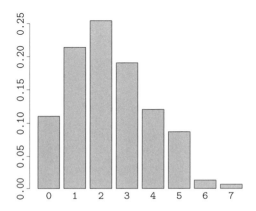

図 7.6：指数分布に従う乱数から生成されるポアソン分布

```
n <- 10^3
r <- rexp(n, rate=2.3)
x <- 0
xnum <- 0
count <- 0
time <- 0
for(i in 1:n){
    time <- time + r[i]
    if(time < 1) count <- count +1
    else {
        x[xnum] <- count
        xnum <- xnum + 1
        time <- 0
        count <- 0
    }
}
barplot(table(x)/xnum)
```

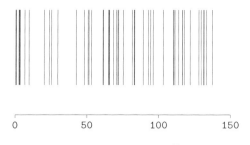

図 **7.7**：ポアソン到着

`rexp(n, rate=2.3)` は，単位時間あたりに 2.3 回程度発生する指数分布に従う n 個の乱数である．図 7.6 を見ると 6.3 節のポアソン分布を示す図 6.2 と同じようなグラフになっていることがわかる．

また，指数分布を用いてポアソン分布に従う事象が起きたタイミングを記録してみると，**図 7.7** のようになる．R では次のようにする．

```
plot(c(0,150), c(0,1), type="n", axes=FALSE, xlab="", ylab="")
axis(1)
n <- 50
r <- rexp(n,rate=0.5)
pos <- numeric(n)
for(i in 1:n) pos[i] <- sum(r[1:i])
segments(pos, 0.2, pos, 0.8)
```

`segments(x1,y1,x2,y2)` は，点 (x1,y1) と点 (x2,y2) をつなぐ線分を描くものである．ここで `pos <- numeric(n)` は，n 個の 0 からなるベクトルをオブジェクト pos として初期化するための操作である．`for(i in 1:n) pos[i] <- sum(r[1:i])` で，指数分布に従う乱数 r の最初から i ($1 \leq i \leq n$) 番目までの和を計算し，各 pos[i] に格納している．指数分布は，事象の発生する間隔の時間を示しているので，pos[i] は i 番目のイベントが発生するまでにかかった時間と考えることができる．図 7.7 を見ると，ある順番のイベントの前後においては，詰まった間隔でイベントが発生していることがわかる．つまり指数分布に従うような事象は，事象が固まって起きやすく，固まって起きたかと思うとしばらく起きないといった様子が見てとれる．このように起きる事象は**ポアソン到着** (Poisson arrivals) する，と表現される．

積率母関数を計算し，期待値と分散を導いてみよう．ここで収束を考慮して $t < \lambda$ とする．積率母関数は次のようになる．

$$M_X(t) = E(e^{tX}) = \int_0^\infty e^{tx}\lambda e^{-\lambda x}dx$$
$$= \lim_{K \to \infty} \lambda \left[\frac{e^{(t-\lambda)x}}{t-\lambda}\right]_0^K$$
$$= \lim_{K \to \infty} \lambda \left(\frac{e^{(t-\lambda)K}}{t-\lambda} - \frac{1}{t-\lambda}\right)$$
$$= -\frac{\lambda}{t-\lambda}$$

微分すれば，

$$M'_X(t) = \frac{\lambda}{(t-\lambda)^2}$$
$$M''_X(t) = \frac{-2\lambda}{(t-\lambda)^3}$$

となるから，$E(X) = M'_X(0) = 1/\lambda$，$E(X^2) = M''_X(0) = 2/\lambda^2$，$V(X) = E(X^2) - E(X)^2 = 2/\lambda^2 - 1/\lambda^2 = 1/\lambda^2$ が得られる．

先に学んだ幾何分布は指数分布の離散版に相当する．$\lambda = p$ が小さいときは，$1 - \lambda \approx e^{-\lambda}$ であることから，
$$p(1-p)^{k-1} \approx \lambda e^{-\lambda(k-1)}$$
となるからである．

7.4 コーシー分布

コーシー分布 (Cauchy distribution) は，次の確率密度関数を持つ確率分布である．
$$f(x) = \frac{1}{\pi} \frac{\gamma}{\gamma^2 + (x-x_0)^2}$$

x_0 は最頻値を与える**位置母数** (location parameter)，$\gamma > 0$ は**尺度母数** (scale parameter) と呼ばれる．コーシー分布は，期待値 (分散も) を持たない分布である．グラフは**図 7.8** のようになる．このグラフを R で表示するには次のようにする．R では，位置母数 (x_0) は `location`，尺度母数 (γ) は `scale` である．

```
> x <- seq(-3,5,0.1)
> curve(dcauchy(x,location=1,scale=2),-3,5)
```

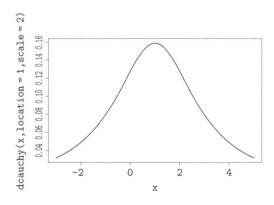

図 7.8：コーシー分布 ($x_0 = 1$, $\gamma = 2$)

コーシー分布に期待値が存在しないということの数学的な意味を説明しておく (大数の法則との関係での説明は，第 10 章で行う)．

簡単のため，位置母数を 0，尺度母数を 1 とする．$a < b$ として次の積分を考える．

$$E_{a,b} = \int_a^b x f(x) dx$$
$$= \frac{1}{\pi} \int_a^b \frac{x}{1+x^2} dx$$
$$= \frac{1}{2\pi} \left[\log(1+x^2) \right]_a^b$$
$$= \frac{1}{2\pi} \log \frac{1+b^2}{1+a^2}$$

もし期待値が存在するとすれば，$a \to -\infty$, $b \to \infty$ としたときの極限になっているはずである．これは，どのように極限をとっても，$a \to -\infty$, $b \to \infty$ である限り同一の極限値に収束しなければならないことを意味する．

$a = -b$ として考えると $E_{a,b} = 0$ であるから，$b \to \infty$ としても，極限は 0 である．しかし $k > 0$ を定数として，$a = -kb$ としたまま $b \to \infty$ とすると，

$$E_{a,b} = \frac{1}{2\pi} \log \frac{1+b^2}{1+k^2 b^2} = \frac{1}{2\pi} \log \frac{1/b^2+1}{1/b^2+k^2} \to \frac{1}{2\pi} \log \frac{1}{k^2} = -\frac{1}{\pi} \log k$$

となり，k に依存した値に収束する．つまり，

$$\lim_{a \to -\infty,\ b \to \infty} E_{a,b}$$

は存在しない．同様の議論で分散が存在しないこともわかる．

7.5　ワイブル分布

ワイブル分布 (Weibull distribution) は，スウェーデンの機械工学者ワイブル (Wallodi Weibull) がベアリングボールの寿命分布のために考案した確率分布である．その後，カオ (Kac) が真空管の寿命を記述するのに有効であることを示した．以後，機械部品の寿命を記述する分布として広く用いられるようになり，人間の寿命のモデルとしてもよく利用される．

ワイブル分布は形式的には指数分布の一般化で，その累積分布関数は，

$$F(x) = 1 - e^{-\left(\frac{x}{\lambda}\right)^k} \quad (x > 0) \tag{7.5}$$

で表される．$x \le 0$ では 0 とする．(7.5) を微分すれば，確率密度関数

$$f(x) = \frac{k}{\lambda} \left(\frac{x}{\lambda}\right)^{k-1} e^{-\left(\frac{x}{\lambda}\right)^k} \quad (x > 0) \tag{7.6}$$

が得られる．$k > 0$ は**形状母数** (shape parameter)，$\lambda > 0$ は**尺度母数** (scale parameter) と呼ばれる．これらは整数である必要はない．期待値と分散はそれぞれ以下のようになる．ここで Γ は，ガンマ関数である．ガンマ関数の定義は，式 (8.6) にある．

$$E(X) = \lambda \Gamma \left(1 + \frac{1}{k}\right)$$
$$V(X) = \lambda^2 \left\{ \Gamma \left(1 + \frac{2}{k}\right) - \Gamma \left(1 + \frac{1}{k}\right)^2 \right\}$$

R では，形状母数は shape，尺度母数は scale で与える．例えば，**図 7.9** のような形状母数 5，尺度母数 3 のワイブル分布の確率密度関数を表示するには，次のようにすればよい．

74　第7章　連続的な確率分布

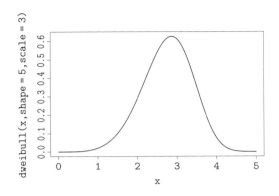

図 7.9：ワイブル分布 ($k=5,\ \lambda=3$)

```
> x <- seq(0,5,by=0.01)
> curve(dweibull(x,shape = 5, scale =3),0,5)
```

ワイブル分布は，形状母数を変化させると形が大きく変わる．**図 7.10** は，尺度母数 λ を 3 に固定して形状母数を変化させたときのワイブル分布の確率密度関数である．

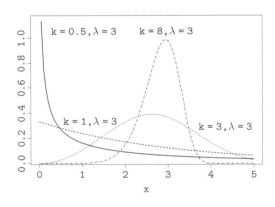

図 7.10：形状母数を変えたワイブル分布　　**図 7.11**：尺度母数を変えたワイブル分布

尺度母数は全体の縮尺を変える．**図 7.11** は，形状母数 k を 3 に固定して尺度母数を変化させたものである．

形状母数 k は，故障モードを記述し，$k>1$ の場合は摩耗故障型，$k=1$ のときは偶発故障型，$k<1$ のときは初期故障型と呼ばれる．

ワイブル分布の期待値と分散の導出

ワイブル分布の r 次のモーメントを計算しよう．ワイブル分布に対しては積率母関数を直接計算するのは難しく，モーメントを計算する方がやさしい (詳しくは問題 7–10 参照).

$$\begin{aligned}
E(X^r) &= \int_0^\infty x^r \frac{k}{\lambda}\left(\frac{x}{\lambda}\right)^{k-1} e^{-\left(\frac{x}{\lambda}\right)^k} dx \\
&= k\lambda^r \int_0^\infty y^{r+k-1} e^{-y^k} dy
\end{aligned}$$

となる．ここで $y = x/\lambda$ とした．さらに，$z = y^k$ とすれば，

$$k\lambda^r \int_0^\infty y^{r+k-1} e^{-y^k} dy$$
$$= \lambda^r \int_0^\infty z^{\frac{k+r}{k}-1} e^{-z} dz$$
$$= \lambda^r \Gamma\left(\frac{k+r}{k}\right) = \lambda^r \Gamma\left(1+\frac{r}{k}\right)$$

$r = 1$ とすれば，期待値
$$E(X) = \lambda \Gamma\left(1 + \frac{1}{k}\right)$$
が得られる．$V(X) = E(X^2) - E(X)^2$ を用いれば，
$$V(X) = \lambda^2 \left\{\Gamma\left(1+\frac{2}{k}\right) - \Gamma\left(1+\frac{1}{k}\right)^2\right\}$$
が得られる．

生命表

ワイブル分布がよく当てはまる例として，**生命表** (life table) の 10 万人あたり死亡数 d_x がある．生命表は人口問題を考える上で基本的なもので，日本では，国立社会保障・人口問題研究所 (社人研) によって作成されている．最新データは当該ウェブページにある．ここでは，平成 25 年簡易生命表を sampledata.xlsx からクリップボードにコピーしてグラフを描いてみることにしよう (**図 7.12**)．ここでは，死亡率が高い 0 歳以上 1 歳未満と，データがまとめられてしまっている 105 歳以上を除いて考える．つまりクリップボードにコピーする際に，この 2 つのデータを除外する (Life Table タブの C 列 3 行から C 列 106 行までをコピー)．また，元データは 10 万人あたりの死亡数であるが，これを 10 万で割って通常の比率とする．

```
> age <- 1:104
> deathrate <- scan("clipboard")/100000
Read 104 items
> plot(age,deathrate)
```

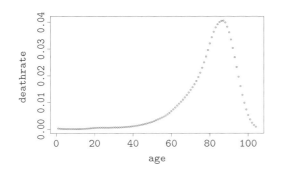 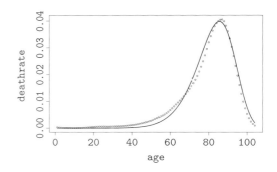

図 7.12：平成 25 年度簡易生命表における死亡率　　**図 7.13**：平成 25 年度簡易生命表における死亡率にワイブル分布を当てはめたもの

これにワイブル分布を当てはめ，重ね描きしてみよう．ここでは，nls という関数を用いるがその詳細は本書においては省略する．最初の操作は，nls に渡す式を見やすくするためのもので絶対に必要なわけではない．結果は**図 7.13** のようになる．

76 第 7 章 連続的な確率分布

```
> x <- age
> y <- deathrate
> res <- nls(y~(k/L)*(x/L)^(k-1)*exp(-(x/L)^k),start=c(k=9,L=80))
> summary(res)

Formula: y ~ (k/L) * (x/L)^(k - 1) * exp(-(x/L)^k)

Parameters:
  Estimate Std. Error t value Pr(>|t|)
k   9.3329     0.1058   88.21   <2e-16 ***
L  86.5971     0.1285  673.99   <2e-16 ***
---
Signif. codes:  0 '***' 0.001 '**' 0.01 '*' 0.05 '.' 0.1 ' ' 1

Residual standard error: 0.001573 on 102 degrees of freedom

Number of iterations to convergence: 8
Achieved convergence tolerance: 5.317e-06
> lines(x,fitted(res),lty=1)
```

サマリを見ると，$k = 9.3329$，$\lambda = 86.5971$ のワイブル分布に近いことがわかる．図 7.13 を見るとややずれているが，これは仕方のないことである．実際の死亡率の解析には，ワイブル分布を複数重ね合わせた関数を用いて (f ではなく) 生残率 $F(x)$ に対し，

$$F(x) = 1 - \sum_{j=1}^{m} p_j \exp\left[-\left(\frac{x - \gamma_j}{\lambda_j}\right)^{k_j}\right]$$

に対するフィッティングを行う．このような分布は，**複合ワイブル分布**と呼ばれる．ここで，$\sum_{j=1}^{m} p_j = 1$ であり，$\exp(x)$ は e^x を表す．詳細は書籍 [10] 等を見られたい．

7.6 多変量正規分布

本書の主題は一変量の統計だが，理論展開上，多変量確率分布を扱う必要があるため，最小限の知識をまとめておく．

連続な確率変数の結合分布 (4.2 節参照) として重要なものとして**多変量正規分布** (multivariate normal distribution) がある．ここでは第 14 章で使うために，その定義を与えておこう．

多変量正規分布を記述するには行列が必要となる．まず，結合確率密度関数は (7.7) のようになる．

$$f(\boldsymbol{x}) = \frac{1}{(\sqrt{2\pi})^m \sqrt{\det \Sigma}} \exp\left(-\frac{1}{2}(\boldsymbol{x} - \boldsymbol{\mu})^T \Sigma^{-1}(\boldsymbol{x} - \boldsymbol{\mu})\right) \tag{7.7}$$

$\boldsymbol{x}$，$\boldsymbol{\mu}$ は，以下のように定義されるベクトルである．

$$\boldsymbol{x} = \begin{pmatrix} x_1 \\ x_2 \\ \vdots \\ x_m \end{pmatrix}, \quad \boldsymbol{\mu} = \begin{pmatrix} E(x_1) \\ E(x_2) \\ \vdots \\ E(x_m) \end{pmatrix}$$

$\boldsymbol{x} - \boldsymbol{\mu}$ は，第2章におけるピアソンの積率相関係数の定義に登場した平均偏差ベクトルに対応するが，期待値 $E(x_i)$ (式 (4.10)) は「真の平均」であって，推定された値ではないことに注意しよう．

Σ は以下のように対角線上にそれぞれの変量の分散が並び，非対角成分には共分散が並んだ行列であり，分散共分散行列と呼ばれる正定値の実対称行列である (もちろん和の記号ではない)．これは第2章で説明したものに対応しているが，ここでもまたこれらの分散 $V(x_i)$ (式 (4.11)) や共分散 $\mathrm{Cov}(x_i, x_j)$ (式 (2.2)) は推定量ではなく，真の値 (母分散，母共分散) であることに注意しよう．

$$\Sigma = \begin{pmatrix} V(x_1) & \mathrm{Cov}(x_1, x_2) & \cdots & \mathrm{Cov}(x_1, x_m) \\ \mathrm{Cov}(x_2, x_1) & V(x_2) & \cdots & \mathrm{Cov}(x_2, x_m) \\ \vdots & \vdots & \ddots & \vdots \\ \mathrm{Cov}(x_m, x_1) & \mathrm{Cov}(x_m, x_2) & \cdots & V(x_m) \end{pmatrix}$$

確率変数 $\boldsymbol{z}$ が平均 $\boldsymbol{\mu}$，分散共分散行列 Σ の多変量正規分布に従うことを

$$\boldsymbol{z} \sim \mathrm{N}(\boldsymbol{\mu}, \Sigma)$$

と書く．特に $X_1, \ldots, X_n$ が独立なときは，非対角成分は 0 となり，分散共分散行列 Σ は対角行列になる．

定理 9. $\boldsymbol{x} \sim \mathrm{N}(\boldsymbol{\mu}, \Sigma)$ とする．このとき Q を直交行列として，$\boldsymbol{y} = Q\boldsymbol{x}$ という線形変換 (一次変換) を行ったとき，$\boldsymbol{y} \sim \mathrm{N}(Q\boldsymbol{\mu}, Q\Sigma Q^T)$ である．

証明. 多変量正規分布は，二次形式

$$\boldsymbol{x}^T \Sigma^{-1} \boldsymbol{x}$$

で決まる．ここで，Σ^{-1} が実対称行列である ($(\Sigma^{-1})^T = (\Sigma^T)^{-1} = \Sigma^{-1}$) ことに注意しよう．$\boldsymbol{y} = Q\boldsymbol{x}$ という線形変換を行うとき，期待値ベクトルは $Q\boldsymbol{\mu}$ に写されることに注意すると，可逆な実対称行列 S に対し，

$$(\boldsymbol{y} - Q\boldsymbol{\mu})^T S^{-1} (\boldsymbol{y} - Q\boldsymbol{\mu})$$
$$= (Q(\boldsymbol{x} - \boldsymbol{\mu}))^T S^{-1} (Q(\boldsymbol{x} - \boldsymbol{\mu}))$$
$$= (\boldsymbol{x} - \boldsymbol{\mu})^T (Q^T S^{-1} Q)(\boldsymbol{x} - \boldsymbol{\mu})$$
$$= (\boldsymbol{x} - \boldsymbol{\mu})^T (Q^T S Q)^{-1} (\boldsymbol{x} - \boldsymbol{\mu})$$

となるから，$Q^T S Q = \Sigma$ となるように S を選べばよいことがわかる．このとき $S = Q\Sigma Q^T$ となる．したがって，$\mathrm{N}(\boldsymbol{\mu}, \Sigma)$ は，この線形変換により $\mathrm{N}(Q\boldsymbol{\mu}, Q\Sigma Q^T)$ に写されることがわかる．　□

78　第 7 章　連続的な確率分布

7.7　章末問題

(R) マークは R を使って解答する問題，**(数)** マークは数学的な問題である．

問題 7-1 **(数)**　正規分布の密度関数は以下である．積率母関数を用いることで，期待値が μ，分散が σ^2 となることを示せ．

$$f(x) = \frac{1}{\sqrt{2\pi}\sigma} e^{-\frac{(x-\mu)^2}{2\sigma^2}}$$

問題 7-2 **(数)**　X が対数正規分布 (式 (7.3)) に従う確率変数とする．Y が正規分布 $\mathrm{N}(\mu, \sigma^2)$ に従うとすると $X = e^Y$ と書ける．Y の積率母関数 $M_Y(t)$ を用いると $E(X) = E(e^Y) = M_Y(1)$，$E(X^2) = E(e^{2Y}) = M_Y(2)$ と書けることを使って X の期待値と分散を求めよ．

問題 7-3 **(数) (R)**　R の `rlnorm` 関数は，対数正規分布に従う乱数を生成する関数だが，引数は `meanlog`，`sdlog` であって，平均と標準偏差そのものではない．そこで，平均 m，標準偏差 s の対数正規分布に従う乱数を生成する関数 `rlognormal` を作り，実行して動作を確認せよ．

問題 7-4 **(数)**　問題 7-2 の考え方を用いて，対数正規分布に従う確率変数 X の k 次のモーメント $E(X^k)$ を求め，歪度を計算せよ (歪度については，問題 1-12 参照)．

問題 7-5 **(数)**　確率密度関数 $f(t)$，累積密度関数 $F(t)$ を持つ確率分布に対し，

$$\lambda(t) = \frac{f(t)}{1 - F(t)}$$

をハザードレート (危険率) と言う．$F(t)$ を累積故障率と言い，時刻 t までに故障せず，その直後に故障する確率を意味する．指数分布とワイブル分布のハザードレートを計算せよ．

問題 7-6 **(数)**　確率分布とハザードレートは 1 対 1 に対応することを示せ．

問題 7-7 **(数)**　指数分布の期待値と分散を積率母関数を使わずに導け．

問題 7-8 **(数)**　指数分布が無記憶性を持つ確率分布であること，すなわち，X が指数分布に従うとき，条件付き確率に対して，次の等式が成り立つことを示せ．

$$P(X \geq t_1 + t_2 | X \geq t_1) = P(X \geq t_2)$$

問題 7-9 **(数)**　X を $\lambda = 1$ の指数分布に従う確率変数とする．このとき $Y = \sqrt{X}$ の確率密度関数を求めよ．

問題 7-10 **(数)**　ワイブル分布のモーメントから，形式的に (収束を気にせずに) 無限級数の形でワイブル分布に従う確率変数 X の積率母関数を求め，その収束半径を求めよ (**Hint**：ダランベールの収束判定法 (比を用いた収束判定法) とスターリングの公式を用いよ)．

問題 7-11 **(数)**　コーシー分布

$$f(x) = \frac{1}{\pi} \frac{\gamma}{\gamma^2 + (x - x_0)^2}$$

の累積分布関数 $F(x)$ を求めよ．

問題 7-12 **(数)**　X を $[-\pi/2, \pi/2]$ に台を持つ連続一様分布に従う確率変数とする．このとき，$Y = \tan X$ が従う確率分布の確率密度関数 $f(x)$ を求めよ．

第8章

独立な確率変数の和の分布

　本章では，独立な確率変数 X, Y に対して，$X + Y$ の分布を求める方法を述べ，独立な確率変数の和の分布として現れる重要な確率分布を説明する．独立な確率変数の和の分布は，究極的には第 10 章で示すように適当な条件下で正規分布に漸近するが，数個の変数の和の分布が必要になる場合もあるため，ここでまとめておく．加えて，一般的な多変数の確率変数の変数変換についても説明する．ややテクニカルな内容が多いので，時間に余裕がなければ飛ばして読んでもかまわない．

8.1　独立な離散的確率変数の和の分布

　独立な確率変数 X, Y の和 $S = X + Y$ の分布が必要になる場合がある．S の分布を計算するには確率変数が連続的か離散的かで分けて考える必要がある．ここでは X, Y が共に離散的な確率変数の場合を説明する．

$$P(S = s) = P(X + Y = s)$$
$$= \sum_{x_i + y_j = s} P(X = x_i) P(Y = y_j)$$

であることは明らかだろう．これだけでは実感がわかないので，具体例として X が二項分布 $\mathrm{Bi}(m, p)$，$\mathrm{Bi}(n, p)$ とするとき，$S = X + Y$ の分布がどうなるかを計算してみることにしよう．S は 0 から $m + n$ までの値を取りうることに注意すると，

$$P(S = k) = \sum_{i+j=k} P(X = i) P(Y = j)$$
$$= \sum_{i=0}^{k} P(X = i) P(Y = k - i)$$
$$= \sum_{i=0}^{k} {}_m\mathrm{C}_i p^i (1-p)^{m-i} {}_n\mathrm{C}_{k-i} p^{k-i} (1-p)^{n-(k-i)}$$
$$= \sum_{i=0}^{k} {}_m\mathrm{C}_i \cdot {}_n\mathrm{C}_{k-i} p^k (1-p)^{m+n-k}$$

となる．$p^k (1-p)^{m+n-k}$ の部分は i を動かしても変化しないので，

$$\sum_{i=0}^{k} {}_m\mathrm{C}_i \cdot {}_n\mathrm{C}_{k-i} \tag{8.1}$$

が求まればよい．テクニカルであるが，この和を計算するには次の恒等式 (8.2) を使う．

$$(1+x)^m (1+x)^n = (1+x)^{m+n} \tag{8.2}$$

(8.2) の左辺は，

$$({}_m\mathrm{C}_0 + {}_m\mathrm{C}_1 x + \cdots + {}_m\mathrm{C}_m x^m)({}_n\mathrm{C}_0 + {}_n\mathrm{C}_1 x + \cdots + {}_n\mathrm{C}_n x^n)$$

80 第 8 章 独立な確率変数の和の分布

と書けるから，x^k の係数は，

$$_m\mathrm{C}_0 \cdot {}_n\mathrm{C}_k + {}_m\mathrm{C}_1 \cdot {}_n\mathrm{C}_{k-1} + \cdots + {}_m\mathrm{C}_k \cdot {}_n\mathrm{C}_0 = \sum_{i=0}^{k} {}_m\mathrm{C}_i \cdot {}_n\mathrm{C}_{k-i}$$

となる．一方，右辺の x^k の係数は，二項定理より $_{m+n}\mathrm{C}_k$ であるから，(8.1) の和は，

$$\sum_{i=0}^{k} {}_m\mathrm{C}_i \cdot {}_n\mathrm{C}_{k-i} = {}_{m+n}\mathrm{C}_k \tag{8.3}$$

となることがわかる．(8.3) を用いて，

$$P(S = k) = {}_{m+n}\mathrm{C}_k p^k (1-p)^{m+n-k}$$

が得られる．つまり，$S = X + Y$ は二項分布 $\mathrm{Bi}(m+n, p)$ に従うことがわかる．二項分布する 2 つの確率変数の和の分布も二項分布となる．これを二項分布の**再生性** (reproductive property) と言う．このように，ある確率分布 (ここでは二項分布) に従う 2 つの独立な確率変数 X，Y に対して，$X + Y$ も同じ確率分布 (ここでは二項分布) になるとき，その確率分布全体 (確率分布族と言うこともある) は再生性を持つといい，二項分布は再生性を持つ，というように表現する．

　上に示した計算は極めてテクニカルであり，初見で思いつかなくとも気にする必要はない．再生性を見通しよく示すには，積率母関数を用いるとよい．

8.2　独立な連続的確率変数の和の分布

　連続的な確率変数 X，Y の確率密度関数をそれぞれ $f(x)$，$g(y)$ とする．X，Y が独立であるとしたとき，$S = X + Y$ の確率密度関数を求めよう．X，S の累積分布関数をそれぞれ $F(x)$，$H(s)$ とする．このとき，

$$\begin{aligned}
H(s) &= P(X + Y \le s) \\
&= \iint_{x+y \le s} f(x)g(y)dxdy \\
&= \int_{-\infty}^{\infty} \left(\int_{-\infty}^{s-y} f(x)dx \right) g(y)dy \\
&= \int_{-\infty}^{\infty} F(s-y)g(y)dy
\end{aligned}$$

となる．

$\because$ 任意の実数 a_1，a_2，b_1，b_2 に対して

$$\{(x, y) | a_1 < x \le b_1, a_2 < y \le b_2\}$$
$$\Longrightarrow$$
$$\{(x, y) | x + y \le s\} = \{(x, y) | a_1 + a_2 < x + y \le s \le b_1 + b_2\}$$

ここで，$a_1 + a_2 < x + y \le s \le b_1 + b_2$ を変形する

$$a_1 + (a_2 - y) < x \le s - y \le b_1 + (b_2 - y)$$
$$a_1 + (a_2 - y) < a_1 < x \le s - y \ (\because a_2 - y < 0)$$
$$a_1 < x \le s - y$$

$$a_2 < y < b_2$$

$a_1, a_2 \to -\infty,\ b_1, b_2 \to \infty$ とすれば $H(s)$ の積分区間となる.

$h(s)$ を $H(s)$ の確率密度関数とすれば,

$$h(s) = H'(s) = \int_{-\infty}^{\infty} \frac{d}{ds} F(s-y)g(y)dy = \int_{-\infty}^{\infty} f(s-y)g(y)dy$$

となる[*1]. これは f と g の**畳み込み** (convolution) と呼ばれ, $(f*g)(s)$ で表される.

例として, 平均 $1/\lambda$ の指数分布に従う独立な確率変数 X, Y の和 $S = X + Y$ の確率密度関数 $h(s)$ を求めてみよう. これは 8.5 節で説明するアーラン分布で $k = 2$ の場合に相当する. X, Y の確率密度は, 共に $f(x) = \lambda e^{-\lambda x} (x > 0)$ で定義される. $x \le 0$ のときは 0 であることに注意すると, $f(s-y)f(y)$ は, $0 \le y \le s$ の外では 0 であることがわかる.

$$\begin{aligned}
h(s) &= (f*f)(s) \\
&= \int_0^s f(s-y)f(y)dy \\
&= \int_0^s \lambda e^{-\lambda(s-y)} \lambda e^{-\lambda y}dy \\
&= \int_0^s \lambda^2 e^{-\lambda s}dy = \lambda^2 s e^{-\lambda s}
\end{aligned}$$

となり, 確かに $k = 2$ の場合のアーラン分布が得られる.

一般のアーラン分布の式 (8.7) も導いておこう. $k = 1$ のときは正しいので, k で正しいとして $k+1$ でも正しいことを示せば, 数学的帰納法により, 全ての k に対して (8.7) が成り立つことがわかる. (8.7) を k 依存性をはっきりさせるために $f_k(x)$ と書けば,

$$\begin{aligned}
(f_1 * f_k)(x) &= \int_0^x \lambda e^{-\lambda(x-y)} \frac{1}{(k-1)!} \lambda^k y^{k-1} e^{-\lambda y}dy \\
&= \frac{1}{(k-1)!} \lambda^{k+1} e^{-\lambda x} \int_0^x y^{k-1}dy \\
&= \frac{1}{(k-1)!} \lambda^{k+1} e^{-\lambda x} \frac{x^k}{k} \\
&= \frac{1}{k!} \lambda^{k+1} x^k e^{-\lambda x} = f_{k+1}(x)
\end{aligned}$$

となり, $k+1$ のときも正しいことがわかる.

8.3 再生性の積率母関数による証明

様々な確率分布の再生性は, 積率母関数を使えば見通しよく証明できる. 積率母関数と確率分布は 1 対 1 に対応しているから, 積率母関数を計算することで和の分布がどうなるかがわかるのである.

8.3.1 二項分布の再生性

二項分布 $\mathrm{Bi}(m, p)$ に従う確率変数の積率母関数は, 6.2 節で計算したように, $E(e^{tX}) = (pe^t + (1-p))^m$ であった. Y が $\mathrm{Bi}(n, p)$ に従う確率変数とすると, 確率変数 X と Y が独立なので, 5.3 節, 定

[*1] 積分と微分の順序交換を行っているが, この操作は一般には成り立たないので注意が必要である. 計算の正当化の方法はいくつかあるが, 標準的にはルベーグの収束定理を使う. 今の計算では, 例えば f が有界であればよい.

82   第 8 章   独立な確率変数の和の分布

理 4 より，$E(e^{t(X+Y)}) = E(e^{tX})E(e^{tY}) = (pe^t + (1-p))^m(pe^t + (1-p))^n = (pe^t + (1-p))^{m+n}$ となる．これは，$\mathrm{Bi}(m+n, p)$ の積率母関数に他ならない．

8.1 節では，二項分布が再生性を持つことを直接的に和の分布を計算することで証明したが，テクニカルで面倒であった．しかし，積率母関数を用いればこのように著しく簡単になる．

8.3.2 　正規分布の再生性

正規分布の再生性を示す．まず，正規分布 $\mathrm{N}(\mu, \sigma^2)$ の積率母関数を求めておこう．

$$
\begin{aligned}
E(e^{tX}) &= \frac{1}{\sqrt{2\pi\sigma^2}} \int_{-\infty}^{\infty} e^{tx} e^{-\frac{(x-\mu)^2}{2\sigma^2}} dx \\
&= \frac{1}{\sqrt{2\pi\sigma^2}} \int_{-\infty}^{\infty} e^{t(\mu+\sigma y)} e^{-\frac{y^2}{2}} \sigma dy \\
&= \frac{e^{\mu t}}{\sqrt{2\pi}} \int_{-\infty}^{\infty} e^{-\frac{y^2}{2}+\sigma t y} dy \\
&= \frac{e^{\mu t + \frac{\sigma^2 t^2}{2}}}{\sqrt{2\pi}} \int_{-\infty}^{\infty} e^{-\frac{1}{2}(y-\sigma t)^2} dy \\
&= e^{\mu t + \frac{\sigma^2 t^2}{2}}
\end{aligned}
\tag{8.4}
$$

ここで，$y = \frac{x-\mu}{\sigma}$ とおいた（5.2 節の式 (5.3) を利用してもよい）．よって，$\mathrm{N}(\mu_1, \sigma_1^2)$ に従う確率変数 X と X と独立で $\mathrm{N}(\mu_2, \sigma_2^2)$ に従う確率変数 Y に対し，$X + Y$ の積率母関数は，

$$
\begin{aligned}
E(e^{t(X+Y)}) &= E(e^{tX})E(e^{tY}) \\
&= e^{\mu_1 t + \frac{\sigma_1^2 t^2}{2}} e^{\mu_2 t + \frac{\sigma_2^2 t^2}{2}} \\
&= e^{(\mu_1+\mu_2)t + \frac{1}{2}(\sigma_1^2+\sigma_2^2)t^2}
\end{aligned}
$$

となる．これは，$\mathrm{N}(\mu_1 + \mu_2, \sigma_1^2 + \sigma_2^2)$ の積率母関数に他ならない．

8.4　ガンマ分布

ガンマ分布 (Gamma distribution) とは，その確率密度関数が次の (8.5) で表される分布である．

$$
f(x) = \frac{1}{\Gamma(k)\theta^k} x^{k-1} e^{-\frac{x}{\theta}}, \quad (x > 0)
\tag{8.5}
$$

$k > 0$ は**形状母数** (shape parameter)，$\theta > 0$ は**尺度母数** (scale parameter) である．R ではそれぞれ，`shape`, `scale` で表す．ここで，$\Gamma(k)$ はガンマ関数であり，

$$
\Gamma(k) = \int_0^{\infty} x^{k-1} e^{-x} dx
\tag{8.6}
$$

で表される．特に，$k > 0$ が整数のときは，$\Gamma(k) = (k-1)!$ が成り立つ．ガンマ分布の期待値は $E(X) = k\theta$，分散は $V(X) = k\theta^2$ である（問題 8–4 参照）．形状母数 3，尺度母数 1 のガンマ関数のグラフを描くには次のようにする（**図 8.1**）．

```
> x <- seq(0,8,0.1)
> curve(dgamma(x,shape=3,scale=1),0,8)
```

ガンマ分布は指数分布，アーラン分布（8.5 節で説明），カイ二乗分布を，その特別の場合として含んでいる（**表 8.1**）．なお，アーラン分布，カイ二乗分布の説明はこの後に行う．

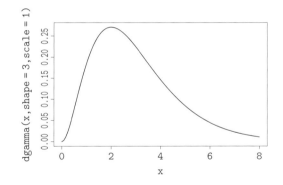

図 8.1：ガンマ分布 ($k=3$, $\theta=1$)

表 8.1：ガンマ分布と他の分布の関係

形状母数 k	尺度母数 θ	確率分布の名称
1	正の値	指数分布
整数	正の値	アーラン分布
半整数	2	カイ二乗分布

8.5 アーラン分布

アーラン分布 (Erlang distribution) は，平均 $1/\lambda$ の指数分布に従う独立な k 個の確率変数 $X_1, X_2, \ldots, X_k$ の和 $S = X_1 + X_2 + \cdots + X_k$ の分布である．

$$f(x) = \begin{cases} \frac{1}{(k-1)!}\lambda^k x^{k-1} e^{-\lambda x} & x > 0 \\ 0 & x \leq 0 \end{cases} \tag{8.7}$$

で表される．また同値な定義であるが，$\lambda = 1/\theta$ として，

$$f(x) = \begin{cases} \frac{1}{(k-1)!\theta^k} x^{k-1} e^{-\frac{x}{\theta}} & x > 0 \\ 0 & x \leq 0 \end{cases} \tag{8.8}$$

と書けば，8.4 節で説明したガンマ分布の特別な場合にあたることがわかるだろう．ガンマ分布と同じく，期待値は $E(X) = k\theta$，分散は $V(X) = k\theta^2$ である．

指数分布する確率変数を 3 つ合計した確率変数を観察してみよう．ここでは，$\lambda = 1$ の指数分布に従う独立な確率変数 X_1, X_2, X_3 に対し，その和

$$S = X_1 + X_2 + X_3$$

がどうなるかを見る ($k = 3$ の場合にあたる)．

```
> x <- rexp(3*100000,rate=1)
> xm <- matrix(x,nrow=100000,ncol=3)
> s <- apply(xm,1,sum)
> hist(s,prob=TRUE)
```

とすると，**図 8.2** が得られる (乱数が異なるので結果は毎回異なるはずだが，10 万回実行するので大数の法則 (第 9 章で解説する) が働き，同様のヒストグラムが得られるはずである)．先に見た図 8.1 と同じ形状であることがわかるだろう．

ここで apply 関数を使ったが，これは R 特有の関数なので，簡単に説明しておこう．オブジェクト x が行列 (または**データフレーム** (data frame)[*2]) であるとして，何らかの関数 func を行ごとに適用するときには，

[*2] データフレームは，本質的には行列と同じ 2 次元の配列だが，データフレームの各行・列はラベルを持っていて，ラベルによる操作ができる．

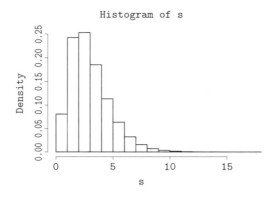

図 8.2：アーラン分布 ($k=3$, $\theta=1$)

apply(x,1,func)

と書く．列ごとに適用するには 1 を 2 に変えて

apply(x,2,func)

と書けばよい．func の例としては，和 sum や平均 mean，不偏分散 var などがある．例を見てみよう．R で行列

$$\mathtt{x} = \begin{pmatrix} 1 & 7 \\ 5 & 4 \\ 2 & 9 \end{pmatrix}$$

の行ごとの和，列ごとの和を求めるには次のようにすればよい．

```
> x <- matrix(c(1,5,2,7,4,9), nrow=3, ncol=2)
> x
     [,1] [,2]
[1,]    1    7
[2,]    5    4
[3,]    2    9
> apply(x,1,sum)
[1]  8  9 11
> apply(x,2,sum)
[1]  8 20
```

apply の働きを模式的に表すと，図 8.3 のようになる．R では for ループも使えるが，多くの場合，for ループを使って要素ごとに行列の行や列を操作するよりも，apply などを使って一度に処理する方が多くの場合に高速である．

8.6 カイ二乗分布

自由度 k のカイ二乗分布とは，

$$f_k(x) = \frac{1}{2^{k/2}\Gamma(k/2)} x^{k/2-1} e^{-x/2} \quad (x>0) \tag{8.9}$$

を確率密度関数として持つ分布のことである．$x \leq 0$ のときは 0 と定義する．

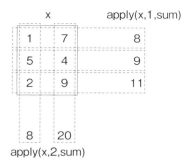

図 8.3：`apply` の使用例

カイ二乗分布は再生性を持つ．すなわち，次の定理が成り立つ．

定理 10. （カイ二乗分布の再生性） 確率変数 X, Y が各々自由度 k_1, k_2 のカイ二乗分布に従うとき，$X + Y$ は，自由度 $k_1 + k_2$ のカイ二乗分布に従う．

証明． 自由度 k のカイ二乗分布に従う確率変数 X の積率母関数を求める．$|t|$ が十分小さいと仮定する．

$$\begin{aligned} M_X(t) &= E(e^{tX}) \\ &= \frac{1}{2^{k/2}\Gamma(k/2)} \int_0^\infty e^{tx} x^{k/2-1} e^{-x/2} dx \\ &= \frac{1}{2^{k/2}\Gamma(k/2)} \int_0^\infty x^{k/2-1} e^{-(1-2t)x/2} dx \end{aligned}$$

となる．この積分は $t < 1/2$ であれば収束する．ここで，$y = (1-2t)x$ とおけば，

$$\begin{aligned} M_X(t) &= \frac{1}{2^{k/2}\Gamma(k/2)} \int_0^\infty \left(\frac{y}{1-2t}\right)^{k/2-1} e^{-y/2} \frac{dy}{1-2t} \\ &= \frac{1}{(1-2t)^{k/2}} \end{aligned}$$

積率母関数の形から定理の主張は明らかである． □

定理 11. $N(0,1)$ に従う独立な k 個の確率変数 $X_1, X_2, \ldots, X_k$ に対し，

$$Z = \sum_{j=1}^k X_j^2$$

は，自由度 k のカイ二乗分布に従う．

証明． まず $k=1$ のときは，X が $N(0,1)$ に従うときの X^2 の分布に他ならないから，$N(0,1)$ の累積分布関数を

$$\Phi(x) = \int_{-\infty}^x \frac{1}{\sqrt{2\pi}} e^{-y^2/2} dy,$$

Z の累積分布関数を $F(x)$ とするとき，$x > 0$ であれば，

$$\begin{aligned} F(x) &= P(Z = X^2 \leq x) \\ &= P(-\sqrt{x} \leq X \leq \sqrt{x}) \end{aligned}$$

86　第 8 章　独立な確率変数の和の分布

$$= 2\Phi(\sqrt{x})$$

となる．よって Z の確率密度関数は，

$$f(x) = 2\frac{dF}{dx}(\sqrt{x}) = \frac{1}{\sqrt{2\pi}\sqrt{x}}e^{-x/2} = \frac{1}{2^{1/2}\Gamma(1/2)}x^{1/2-1}e^{-x/2}$$

となる．ここで $\Gamma(1/2) = \sqrt{\pi}$ であることを使った．

　定理 10 より，$X_1^2 + X_2^2$ の分布は X_1^2，X_2^2 それぞれが自由度 1 のカイ二乗分布に従うので，自由度 $1 + 1 = 2$ のカイ二乗分布に従う．以下，定理 10 を繰り返し使うことにより，定理の主張が正しいことがわかる．　　　　　　　　　　　　　　　　　　　　　　　　　□

8.7　章末問題

　(R) マークは R を使って解答する問題，**(数)** マークは数学的な問題である．

問題 8-1　**(数)**　負の二項分布が再生性を持つこと，すなわち，X が，$\mathrm{NB}(r_1, p)$，Y が $\mathrm{NB}(r_2, p)$ に従うとき，$X + Y$ は，$\mathrm{NB}(r_1 + r_2, p)$ に従うことを示せ．

問題 8-2　**(数)**　幾何分布 $P(X = x) = p(1-p)^{x-1}$ に従う 2 つの独立な確率変数 X，Y の和の分布を求めよ．

問題 8-3　**(数)**　積率母関数を利用して自由度 k のカイ二乗分布の期待値と分散を求めよ．

問題 8-4　**(数)**　ガンマ分布に従う確率変数 X の積率母関数を求め，期待値と分散を計算せよ．

問題 8-5　**(R)**　8.5 節にならって，$k = 2, 3, 4, 10$ に対し，$S_k = X_1 + X_2 + \cdots + X_k$ のヒストグラムを描け．k が大きくなるとどのような分布に近づくと考えられるか．

問題 8-6　**(数)**　アーラン分布 (8.5) が，k 個の独立な平均 $1/\lambda$ の指数分布の和の分布であることを使って，その期待値と分散を計算せよ．

問題 8-7　**(数)**[難]　幾何分布 $P(X = x) = p(1-p)^{x-1}$ に従う k 個の独立な確率変数の和の分布を求めよ（**Hint**：まず，$k = 3, 4$ の場合の分布を求め，前問と合わせて，一般の k の場合を推測せよ）．

問題 8-8　**(R)(数)**　経済学者のローレンス・サマーズは，アメリカ合衆国財務長官を務め，その後，ハーバード大学学長を務めていたが，2005 年に女性が統計的に見て数学と科学の最高レベルでの研究に適していないとした発言が引き起こした論争によって，学長を辞任することになった．経済学者・法学者のイアン・エアーズは，サマーズの主張のうち統計的に重要な部分をまとめ，次のように述べた．「成績が正規分布しているとすると，男の方が標準偏差が 20%ほど大きいと計算できる．トップクラスの科学者が，平均よりも標準偏差の 4 倍程度優れた人々だと考えると，その集団の男女比は 5 : 1 程度になる．」この主張を R を用いて検証せよ．

第9章

大数の法則

ここでは，統計学の基盤をなす大数 (たいすう) の法則を学ぶ．統計学で直接利用されるのは次章の中心極限定理であるが，大数の法則は数学的にシンプルかつ直感的であり，極限定理を理解する第一歩として教育的である．ここでは大数の法則の具体的な応用例にも触れる．

9.1 サイコロを 1000 回振る

サイコロ 10 個を一度に投げて，出た目の平均をとると，大体 $(1+2+3+4+5+6)/6 = 3.5$ に近い値が出ると期待される．R を使ってシミュレーションしてみよう．x をサイコロの目 (1 から 6 の整数をそれぞれ確率 1/6 でとる乱数を 1000 個並べたもの) として，$n = 1, 2, 3, \ldots , 1000$ に対し，

$$\text{ave}[n] = \frac{x[1] + x[2] + \cdots + x[n]}{n}$$

を計算し，その変化を観察する．R では次のようにすればよい．

```
ave <- numeric(1000)
x <- as.integer(runif(1000,1,7))
for( n in 1:1000 ) ave[n] <- mean(x[1:n])
plot(1:1000,ave)
abline(h=3.5)
```

先にも触れたが，ここで，numeric(1000) というのは 0 を 1000 個並べただけのオブジェクトである．後に ave に平均を代入するためのオブジェクト ave[j] をあらかじめ作っておくのである．第 4 章で説明したとおり，as.integer は，引数に指定されたオブジェクトの数値を超えない最大の整数を返す．

runif(1000,1,7) では，1 から 7 までの一様乱数を 1000 個発生させている．runif では，min と max を指定するが，両端の値 (この場合 1 と 7) は発生しない[*1]ので，結果，1, 2, 3, 4, 5, 6 が等確率で発生する．

図 9.1 を見ると，標本平均が 3.5 に近づいていくことがわかる．1000 個程度ではまだフラつきが残っているが，もっとサンプルサイズを大きくすれば極めて 3.5 に近い数字になる．この現象を数学的に表現したものが**大数の法則** (law of large numbers) である．つまり，大数の法則とは，「標本平均は真の平均に近い値になる」ということである．これを定量的に表現したものが**チェビシェフの不等式** (Chebyshev's inequality) である．

定理 12. (チェビシェフの不等式) 平均 μ，分散 σ^2 を持つ確率変数 X は，任意の $\epsilon > 0$ に対し，次の不等式を満たす．

$$P(|X - \mu| > \epsilon) \leq \frac{\sigma^2}{\epsilon^2}$$

[*1] R のヘルプには，runif 関数は max=min や max-min が極端に小さい場合を除き，両端の値を生成しない，とある．

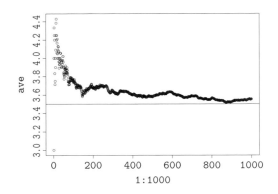

図 9.1：サイコロの目の平均

証明. 離散変数のときも連続変数のときも証明の考え方は同じなので，ここでは離散変数の場合を示す (連続な場合は，問題 9–1 参照).

$$\begin{aligned}
\sigma^2 &= \sum_x (x-\mu)^2 P(X=x) \\
&= \sum_{|x-\mu|>\epsilon} (x-\mu)^2 P(X=x) + \sum_{|x-\mu|\leq\epsilon} (x-\mu)^2 P(X=x) \\
&\geq \sum_{|x-\mu|>\epsilon} (x-\mu)^2 P(X=x) \\
&\geq \sum_{|x-\mu|>\epsilon} \epsilon^2 P(X=x) \\
&= \epsilon^2 \sum_{|x-\mu|>\epsilon} P(X=x) = \epsilon^2 P(|X-\mu|>\epsilon)
\end{aligned}$$

よって定理 12 が示された． □

この証明の要点は，2 行目で和を $|x-\mu|>\epsilon$, $|x-\mu|\leq\epsilon$ に分け，3 行目で $|x-\mu|\leq\epsilon$ の和を捨てたことである．

多くの統計学の教科書では，チェビシェフの不等式は，$\epsilon = k\sigma$ とおいて，

$$P(|X-\mu|>k\sigma) \leq \frac{1}{k^2} \tag{9.1}$$

の形で記載されている．その理由は，統計学では標準偏差 σ を単位として考えることが多いからである．左辺は，平均から $k\sigma$ よりも大きく外れる確率を表す．平均から $k\sigma$ 外れる確率は，$1/k^2$ 以下なのである．

チェビシェフの不等式は大変大雑把だが，使っているのは，平均と分散が存在するということだけで，確率分布に関する性質は他に何も使っていない，極めて一般的な (広範囲に適用できる) 不等式である点が重要である．つまり元の確率分布が，平均と分散が存在しさえすれば，どんなものであっても成り立つのである．

チェビシェフの不等式は，実務的にはあまり役立つとはいえないが，理論的には，次の大数の法則の証明に使われる点で重要である．

定理 13. (大数の法則) 互いに独立で，同一の平均値 μ を持つ確率変数の列 $X_1, X_2, \ldots, X_n, \ldots$ に対し，それぞれの分散 σ_j^2 が，$\sigma_j^2 \leq \sigma^2 < \infty$ $(j=1,2,\ldots)$ を満たすとする (分散は異なっていてもよい)．このとき，

$$\lim_{n \to \infty} P\left(\left|\frac{X_1 + X_2 + \cdots + X_n}{n} - \mu\right| > \epsilon\right) = 0$$

証明.
$$Z_n = \frac{X_1 + X_2 + \cdots + X_n}{n}$$

とおくと，$E(Z_n) = \mu$ であり，$X_1, X_2, \ldots, X_n, \ldots$ が互いに独立であることより，

$$V(Z_n) = \frac{1}{n^2}(\sigma_1^2 + \sigma_2^2 + \cdots + \sigma_n^2)$$
$$\leq \frac{1}{n^2}(\sigma^2 + \sigma^2 + \cdots + \sigma^2) = \frac{\sigma^2}{n}$$

ここでチェビシェフの不等式 (定理 12) から，

$$P(|Z_n - \mu| > \epsilon) \leq \frac{\sigma^2}{n\epsilon^2} \tag{9.2}$$

となる．$n \to \infty$ としたとき，右辺は 0 に収束するから，求める結果が得られる． □

定理 13[*2] は，「標本平均と真の平均が ϵ よりもズレている確率」が，サンプルサイズを大きくとると 0 に漸近するということを意味している．これは経験的には明らかであるが，数学的に正当化するには，このような形で定式化する必要がある[*3]．

9.2 モンテカルロ法

大数の法則の最もよく知られた応用として，面積の計算がある．

一辺が 2 の正方形と，その正方形に内接している半径 1 の円を考え，正方形内に 10000 個の点をランダムに落としてみる．**図 9.2** は，その R によるシミュレーションの結果である．

図 9.2 を R で描くには次のように操作すればよい．

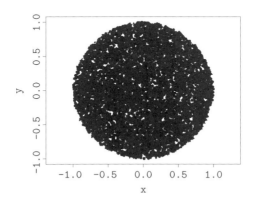

図 9.2：正方形の中に点を落とし，円に入ったものを色分けしたもの

[*2] 定理 13 は大数の「弱」法則と呼ばれることもある．大数の「強」法則もあるが，こちらは試行の無限列を扱うため確率空間を正確に記述する必要があり，本書の範囲を越える．理論的には強法則があるので弱法則を述べる意味はないが，通常の統計的推論では弱法則で十分なので，本書では弱法則のみ詳細に解説している．

[*3] この証明では分散の有限性 (存在) を使っているが，大数の法則そのものは，平均が存在すれば成り立つ．証明は難しくはないが数学的すぎるので本書では省略する．

90 第9章　大数の法則

```
> x <- runif(10000,-1,1)
> y <- runif(10000,-1,1)
> plot(x, y, col = ifelse(x^2+y^2<1, "black", "white"), pch = 20, asp=1)
```

　何をやっているか説明する．最初の2行では，-1から1の範囲の一様乱数を10000個発生させ，それをオブジェクト x，y に格納している．plot(x,y) とすれば，これらの一様乱数に対応する点が描かれるが，

```
col = ifelse(x^2+y^2<1, "black", "white")
```

で，$x^2 + y^2 < 1$ であれば点の色を黒に，そうでなければ白にしている[*4]．白い点は見えないので，円の内部にある黒い点だけが見えるというわけである．最後の，pch は点の形を指定するパラメータである．pch は1から25までの値をとる．それぞれどんなものであるかは，

```
> x1 <- 1:25
> y1 <- numeric(25)
> plot(x1,y1,pch=x1)
```

とすれば見ることができる (やってみよう)．

　正方形の面積は $2 \times 2 = 4$ であり，円の面積は π であるから，点が円の中に入る確率は，$\pi/4$ になるはずである．よって，円の中の点の個数を4倍し，10000で割れば π に近い値になると予想される．実際，点を数えて比を計算してみると，次のようになる．

```
> 4*sum(x^2+y^2<1)/10000
[1] 3.1292
```

　ここで，$\mathrm{sum}(x^2 + y^2 < 1)$ では，条件を満たす (円の内部にある) 場合だけ括弧内の条件式が真 $(= 1)$ となり，満たされないときは偽 $(= 0)$ となることを利用して円の内部の点の数を数えている．この個数を4倍して全ての点の個数10000で割った結果は，確かに π に近い値になっている (結果は毎回変わる)．

　ランダムに落とした点の個数の比率が，真の確率 (この場合 $\pi/4$) に近い値になることは体感的には明らかであろう．

9.3　大数の法則の暗号解読への応用 (頻度解析)

　もう1つ面白い応用例を挙げよう．

　古い暗号に「単一文字換字式暗号」というものがある．換字暗号とは，アルファベットの26文字 (それにスペースやピリオドなどを加えることもある) を別のアルファベットに置き換えてできる暗号である．この暗号の鍵にあたるのは，アルファベットの変換表である．

　例えば，

A chain is no stronger than its weakest link.

という文章を

WPIWYLYHLGHUOGLETOUIWLYUHVTWZTHUQYLZ

のように置き換える (暗号文ではスペースとピリオドは無視され，全て大文字に置き換えられている)．下の暗号文から元の文を割り出すのは容易ではない．変換表は，$26! = 4.033 \times 10^{26}$ (約89

[*4]　ここではわかりやすいように色名を書いているが，数字で与えることもできる．

ビット) という膨大な組み合わせを持つ．その意味で単一文字換字式暗号は強力な暗号である．しかし，長い文章をこの方法で暗号化すると解読できてしまうのである．解読法は大数の法則に基づく．図 9.3 は英文におけるアルファベットの頻度グラフである．

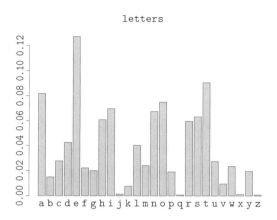

図 9.3：英語のアルファベットの出現頻度

e が突出して多く 12.702% もある．次が t，a と続く一方，j，q，x，z は極めてまれであることがわかる．

文章が長くなると暗号文に大数の法則が働き，換字後のアルファベットの出現頻度が図 9.3 の頻度に漸近してくるため，最も出現頻度の高いアルファベット順に e，t，a に対応するとわかることになるのである．先の暗号文がもっと長くなり大数の法則に捉えられると，出現頻度が高い方から，T，U，W，... であることがわかり，結果，これらが e，t，a に対応することがわかるということになる．これを**頻度解析** (frequency analysis) と呼ぶ．古典的な暗号解読技術の 1 つである[*5]．暗号文には原文 (暗号学では「平文 (ひらぶん)」と言う) の統計的特徴が残ってはならないのだ．

聖書の創世記 (Genesis) の英語版はいくつか知られているが，ここでは Common English Bible の本文の単語の出現頻度を調べてみたものを例に挙げよう[*6]．スペース，カンマ，ピリオドを除き 98326 文字であった．アルファベットの出現頻度を先ほどの出現頻度と並べてみると，図 9.4 のようになった．黒いバーが創世記のアルファベット頻度，白いバーが英文アルファベットの通常の出現頻度である[*7]．大文字と小文字は区別していない．

確かに e が圧倒的に多い．若干の違いはあるが，およその傾向が一致していることがわかるだろう．聖書の著者 (英訳者) は当然ながら頻度を意識してはいないはずだが，結果的には大数の法則から逃れられないのである．

9.4 チェビシェフの不等式の精度

大数の法則の証明に用いた (9.2) はあまりよい評価式ではない．これを定量的に把握するために，R によるシミュレーションをしてみることにしよう．$[0, 12]$ を台に持つ連続な一様乱数を考える．

[*5] 筆者 (神永) の専門の 1 つは暗号理論である．
[*6] 頻度を調べる処理は Python で書いたため，ここには記載しない．
[*7] 通常のアルファベット頻度は，暗号数学の教科書 [6] によった．アルファベットの頻度は文献によって異なるが，大きな違いはない．

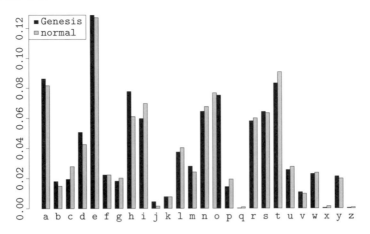

図 9.4：聖書 (創世記) 英語版のアルファベットの出現頻度

すでに見たように，その平均 μ は $(0+12)/2 = 6$，分散は $(12-0)^2/12 = 12$ である．このような一様乱数 X を 50 個発生させて，その標本平均 Z_{50} と真の平均 6 とのズレが 1 より大きくなる確率を見てみよう．大数の法則の証明で用いたチェビシェフの不等式を用いれば，

$$P(|Z_{50} - 6| > 1) \leq \frac{12}{50 \cdot 1^2} = 0.24 \tag{9.3}$$

となる．

R でシミュレーションしてみると次のようになる (結果は毎回異なる)．

```
> x <- runif(1000*50, min=0, max=12)
> xm <- matrix(x, nrow=1000, ncol=50)
> z50 <- apply(xm, 1, mean)
> sum(abs(z50-6)>1)/1000
[1] 0.034
```

min から max までの範囲の一様乱数を $1000 \times 50 = 50000$ 個生成して，x というオブジェクトに格納する．次の行では，x を 1000 行 50 列の行列に加工し，xm というオブジェクトに格納している．apply(xm, 1, mean) は，xm の行ごとに平均をとることを意味する．z50 は，50 個の乱数の平均を 1000 個並べた長さ 1000 のオブジェクトである．sum(abs(z50-6)>1) は，$|Z_{50} - 6| > 1$ が真のとき 1 で偽のとき 0 となる論理式の和であるから，$|Z_{50} - 6| > 1$ となった回数を数えていることになる．

この結果を見ると，$|Z_{50} - 6| > 1$ となったケースは，1000 回中わずか 34 回であり，割合にして 0.034 にすぎない．チェビシェフの不等式 (9.3) の右辺が，0.24 であったのと比べるとシミュレーションの結果得られた比率は，ずいぶん小さいことがわかる．つまり，チェビシェフの不等式はもっと改良できる可能性がある．次章で説明する中心極限定理がそれである．

9.5 章末問題

(R) マークは R を使って解答する問題，**(数)** マークは数学的な問題である．

問題 9-1 **(数)** 連続な確率変数 X に対するチェビシェフの不等式を証明せよ．ただし，X の期待値を μ，分散を σ^2 とする．

問題 9-2 **(数)** チェビシェフの不等式 (定理 12) が次の形で一般化されることを示せ．確率変数 X が，平均 μ，ある $k > 0$ に対し，$m_k = E(|X - \mu|^k)$ が有限な値を持つとする．このとき，任意の $\epsilon > 0$ に対し，次の不等式が成り立つことを示せ．

$$P(|X - \mu| > \epsilon) \leq \frac{m_k}{\epsilon^k}$$

問題 9-3 **(R)** $X_1, X_2, \ldots, X_n$ を独立な実数値の確率変数とし，$-\infty < a_i \leq X_j \leq b_j < \infty \ (j = 1, \ldots, n)$ を満たすものとする (条件 A)．このとき，$S_n = \sum_{j=1}^n X_j$ とするとき，任意の $t > 0$ に対し，以下の不等式 (Hoeffding の不等式) が成り立つことが知られている[*8]．

$$P(|S_n - E(S_n)| \geq t) \leq 2 \exp\left(-\frac{2t^2}{\sum_{j=1}^n (b_j - a_j)^2}\right)$$

以下の問に答えよ (問は各々独立である)．

(1) $X_j (j = 1, \ldots, n)$ が独立かつ $[a, b]$ に台を持つ連続一様分布に従う場合の Hoeffding の不等式を具体的に書け．

(2) Hoeffding の不等式を用いて (条件 A) を満たし，かつ任意の j に対して，$-\infty < a \leq a_j < b_j \leq b < \infty$ となる定数 a, b が存在するような確率変数 $X_1, X_2, \ldots, X_n, \ldots$ に対し大数の法則を証明せよ．チェビシェフの不等式を用いた証明とどこが違うか述べよ．なお，この問題は (1) とは関係ないものとする．

問題 9-4 **(R)** モンテカルロ法を使って領域 $D_1 : x^2 + (y-1)^2 \leq 1$ と $D_2 : (x-2)^2 + y^2 \leq 4$ の共通部分 $D = D_1 \cap D_2$ の面積を求める．

(1) 長方形 $0 \leq x \leq 1$，$0 \leq y \leq 2$ に一様ランダムに 10,000 個の点を領域 D に当てはまる部分は黒，それ以外は白となるように打った図を示せ．

(2) 領域 D の面積の近似値を求めよ．

(3) 正方形 $S : 0 \leq x \leq 2$，$0 \leq y \leq 2$ と円 $C_1 : x^2 + (y-1)^2 = 1$ および円 $C_2 : (x-2)^2 + y^2 = 4$ を (1) に追加せよ．

(4) 円 $C_1 : x^2 + (y-1)^2 = 1$ と $C_2 : (x-2)^2 + y^2 = 4$ の $(0,0)$ ではない図中の交点と，点 $(0,1)$，点 $(2,0)$ で作成させる三角形 T を (3) に追加せよ．

(5) 三角形 T の最小となる角の角度を θ として，領域 D の面積を θ を用いて示せ．$0 < \theta < \pi$ とし，面積の表現に三角関数は用いないこと．

(6) (5) の面積と (2) の面積が一致することを用いて，$\tan^{-1} \frac{1}{2}$ を近似せよ．

[*8] Hoeffding の不等式は，情報理論，暗号理論等の計算機科学分野で頻繁に使われる強力な不等式である．

第10章

中心極限定理

大数の法則は極めて一般的に成り立つ定理ではあるが，統計学に応用するにはもう少し精密化する必要がある．ここでは大数の法則の精密化である中心極限定理を解説する．

10.1 中心極限定理

定理の証明の前に，第9章で観察した Z_{50} のヒストグラムを見てみよう (**図 10.1**)．おなじみのコマンド hist を使えばよい (乱数を用いているので結果は毎回異なる)．

```
> hist(z50)
```

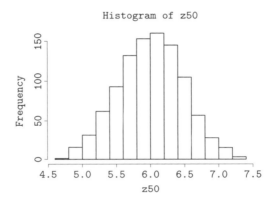

図 10.1：Z_{50} のヒストグラム

これを見ると，ハンドベル型の分布であり，z50 が 4.5 を下回ることと 7.5 を超えることは皆無であることがわかる．平均からずれるという事象は，急激に「起こりにくく」なるのだ．

これを数学的に定式化したものが，次の**中心極限定理** (Central Limit Theorem) である．頭文字を並べて CLT と略記されることもある．

定理 14. （中心極限定理） 平均 μ，分散 σ^2 の独立同分布の確率変数列 $X_1, X_2, \ldots, X_n, \ldots$ に対し，$S_n = \sum_{j=1}^{n} X_j$ とすると，以下が成り立つ．

$$P\left(a \leq \frac{S_n - n\mu}{\sqrt{n}\sigma} \leq b\right) \to \int_a^b \frac{1}{\sqrt{2\pi}} e^{-\frac{x^2}{2}} dx \quad (n \to \infty)$$

証明． 証明の基本的な考え方は単純で，$Y_n = \frac{S_n - n\mu}{\sqrt{n}\sigma}$ の積率母関数が $N(0,1)$ の積率母関数に収束することを示せばよい．Y_n の期待値は 0 であり，分散は 1 である．実際，

$$E(Y_n) = \frac{E(S_n) - n\mu}{\sqrt{n}\sigma} = 0$$

である．また，$X_1 - \mu, \ldots, X_n - \mu$ が独立であることから，

$$V(Y_n) = \frac{1}{(\sqrt{n}\sigma)^2} V(S_n - n\mu)$$

$$= \frac{1}{n\sigma^2} V((X_1 - \mu) + \cdots + (X_n - \mu))$$

$$= \frac{1}{n\sigma^2} \sum_{j=1}^{n} V(X_j - \mu)$$

$$= \frac{1}{n\sigma^2} \cdot n\sigma^2 = 1$$

となる.

$M_{Y_n}(t) = E(e^{tY_n})$, $\varphi(t) = \log M_{Y_n}(t)$ とすると,全確率が 1 であるから $M_{Y_n}(0) = 1$ であり[*1],期待値が 0 であるから $M'_{Y_n}(0) = 0$ であり,分散が 1 であるから $M''_{Y_n}(0) = 1$ である.よって,ただちに $\varphi(0) = \log M_{Y_n}(0) = \log 1 = 0$ がわかる.また,

$$\varphi'(t) = \frac{M'_{Y_n}(t)}{M_{Y_n}(t)}$$

であるから,$\varphi'(0) = 0$ である.さらに,

$$\varphi''(t) = \frac{M''_{Y_n}(t)M_{Y_n}(t) - M'_{Y_n}(t)^2}{M_{Y_n}(t)^2}$$

であるから,$\varphi''(0) = 1$ となる.よって,テイラーの定理より,ある $\xi(|\xi| < |t|)$ に対し,

$$\varphi(t) = \varphi(0) + \varphi'(0)t + \frac{1}{2!}\varphi''(0)t^2 + \frac{1}{3!}\varphi'''(\xi)t^3$$

$$= \frac{1}{2}t^2 + \frac{\varphi'''(\xi)}{6}t^3$$

が成り立つ.

5.3 節,定理 6 より,独立な確率変数の和の積率母関数は,それぞれの積率母関数の積になるから,

$$E(e^{tY_n}) = E(e^{t\frac{1}{\sqrt{n}\sigma}\sum_{j=1}^{n}(X_j - \mu)})$$

$$= E(e^{t\frac{X_1 - \mu}{\sqrt{n}\sigma}}) \cdots E(e^{t\frac{X_n - \mu}{\sqrt{n}\sigma}})$$

$$= E(e^{t\frac{X_1 - \mu}{\sqrt{n}\sigma}})^n = E(e^{t\frac{Y_1}{\sqrt{n}}})^n \quad (\because Y_1 = \frac{S_1 - \mu}{\sigma} = \frac{X_1 - \mu}{\sigma})$$

$$= (e^{\varphi(\frac{t}{\sqrt{n}})})^n \quad (\because E(e^{tY_n}) = e^{\varphi(t)})$$

$$= e^{n\varphi(\frac{t}{\sqrt{n}})}$$

$$= e^{n\left\{\frac{1}{2}(\frac{t}{\sqrt{n}})^2 + \frac{\varphi'''(\xi)}{6}(\frac{t}{\sqrt{n}})^3\right\}}$$

$$= e^{\frac{1}{2}t^2 + \frac{\varphi'''(\xi)}{6\sqrt{n}}t^3}$$

$$\to e^{t^2/2} \quad (n \to \infty)$$

これは,N(0, 1) の積率母関数である.積率母関数と確率分布は 1 対 1 に対応しているから,定理が示された[*2]. $\square$

[*1] 一般に確率変数 X の積率母関数は,$M_X(0) = 1$ を満たす.例えば X が値 $x_1, x_2, \ldots$ をとる離散的確率変数の場合,積率母関数の定義より,$M_X(t) = \sum_k e^{tx_k}P(X = x_k)$ となる.$t = 0$ とおくと,$M_X(0) = \sum_k P(X = x_k)$ となるが,この右辺は全確率であるから値は 1 である.連続な場合も同様に示される.

[*2] 厳密には,期待値と無限和の順序交換ができること,最後の近似式の正当化の議論が必要である.ここで示したのはおよその考え方であり,数学的に厳密な証明ではない.

96　第 10 章　中心極限定理

定理の仮定は様々に緩められている．ここでは最もわかりやすい形としたが，次節でより一般的な定理を述べる．中心極限定理は，大雑把に言えば，サンプルサイズ n が大きいとき，母集団分布が (分散が存在する限り) 何であっても，和 $S_n = X_1 + X_2 + \cdots + X_n$，標本平均 S_n/n の確率分布はそれぞれ，正規分布 $\mathrm{N}(n\mu, n\sigma^2)$，$\mathrm{N}(\mu, \sigma^2/n)$ でよく近似されるということである．

大数の法則の証明に用いた評価式 (9.2) と比較するため，中心極限定理を標本平均を使った形に書き換えて，$P(|Z_n - \mu| > \epsilon)$ を計算してみると，n が大きいとき，次のようになる．

$$P(|Z_n - \mu| > \epsilon) \approx 2 \int_{\sqrt{n}\epsilon/\sigma}^{\infty} \frac{1}{\sqrt{2\pi}} e^{-\frac{x^2}{2}} dx \tag{10.1}$$

$$= 2 \int_{\sqrt{n}\epsilon/\sigma}^{\infty} \frac{1}{\sqrt{2\pi}} e^{-\frac{x^2}{4}} e^{-\frac{x^2}{4}} dx$$

$$\leq \sqrt{\frac{2}{\pi}} e^{-\frac{n\epsilon^2}{4\sigma^2}} \int_{\sqrt{n}\epsilon/\sigma}^{\infty} e^{-\frac{x^2}{4}} dx$$

$$\leq \sqrt{\frac{2}{\pi}} e^{-\frac{n\epsilon^2}{4\sigma^2}} \int_{-\infty}^{\infty} e^{-\frac{x^2}{4}} dx = 2\sqrt{2} e^{-\frac{n\epsilon^2}{4\sigma^2}} \tag{10.2}$$

ここで $\approx$ は近似値という意味で使っている．中心極限定理により，n が大きいときは正規分布で近似できるからである．3 行目の不等式では，正の範囲で $e^{-x^2/4}$ が減少関数であることから，$\sqrt{n}\epsilon/\sigma \leq x$ では，$e^{-x^2/4} \leq e^{-\frac{n\epsilon^2}{4\sigma^2}}$ が成り立つことを利用した．また最後の行の積分計算では，公式

$$\int_{-\infty}^{\infty} e^{-ax^2} dx = \sqrt{\frac{\pi}{a}}, \quad (a > 0)$$

を用いた (問題 5–4 参照).

(10.2) を見ると，評価式 (9.2) では，$1/n$ のオーダであったものが，$e^{-\frac{n\epsilon^2}{4\sigma^2}}$ と指数関数のオーダになっている．これは，先のシミュレーションで得られた結果，つまり，「平均からずれる」という事象が n が大きくなるにつれて急激に「起こりにくく」なることに対応している．

中心極限定理の驚くべき点は，**期待値と分散が存在しさえすれば，その分布が何であっても標本平均の分布が正規分布に近づく**ということである．元の分布の特徴はつぶれて見えなくなってしまうのだ．先に，一様分布の標本平均 Z_{50} のヒストグラムを示したが，そこにはハンドベル型を見てとることができた．それが正規分布なのである．

ここでは X の分布をもう少し極端な形状のものにしてシミュレーションしてみよう．平均 $1/\lambda$ の指数分布は，確率密度 $\lambda e^{-\lambda x}(x \geq 0)$ を持つ分布である．$\lambda = 5$ (R では rate=5 とする) とした場合の密度関数のグラフは，**図 10.2** のようになる．R では次のようにするとグラフを描くことができる．

```
> plot(function(x)dexp(x,rate=5))
```

これは明らかに左右非対称で，極端に左に寄って (0 の近くに集中して) いるため，正規分布とは似ても似つかぬ分布になっている．

さてここで，9.4 節と同じように，指数分布する確率変数 50 個の標本平均を 1000 個計算し，その分布と対応する期待値と分散を持つ正規分布の密度関数を重ねて見てみよう．R では，次のように書けばよい．

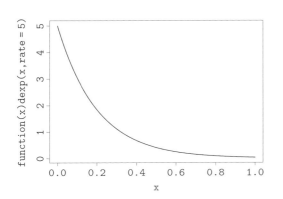

図 10.2：指数分布の密度関数

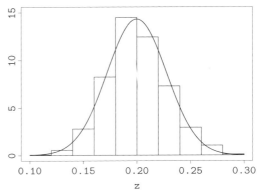

図 10.3：指数分布する確率変数 50 個の標本平均のヒストグラム

```
x <- rexp(1000*50, rate = 5)
xm <- matrix(x, nrow=1000, ncol=50)
z <- apply(xm, 1, mean)
hist(z,xlim=c(0.10,0.30), ylim=c(0,15),prob=TRUE,ylab="")
par(new=TRUE)
plot(function(x)dnorm(x,mean=mean(z),sd=sd(z)),
     xlim=c(0.10,0.30),ylim=c(0,15),xlab="", ylab="",lwd=2)
```

違いは，本質的には，rexp(1000*50, rate = 5) の部分だけである．9.4 節では一様分布だったが，本節では指数分布に従う乱数を生成している．hist, plot で横軸，縦軸の範囲を調整し，縦軸のラベルを消すなどの処理をしているが，あまり本質的なことではない．

図 10.3 を見ると，見事に正規分布と重なっていることがわかる．元となる確率変数の分布は右下がりであったにもかかわらず，正規分布が現れた．**元となる分布が有限の期待値と分散を持つ限り，どんなものでもサンプルサイズの大きな標本平均をとると正規分布するのである．** これが中心極限定理の驚異的なところである．標本平均の分布には，元の分布の特徴が表れないという言い方もできる．

10.2　リンデベルグの中心極限定理

中心極限定理 (10.1 節，定理 14) は強力な定理だが，$X_1, X_2, \ldots, X_n, \ldots$ の独立性のみならず同じ分布を持つことを仮定していた．ここでは，定理 14 を同分布を仮定しない場合に成り立つ形で述べておこう．

定理 15. (リンデベルグの中心極限定理)　$X_1, X_2, \ldots, X_n, \ldots$ を独立な確率変数とし，これらが以下の 3 つの条件を満たすものとする．

1. $E(X_n) = \mu_n, n = 1, 2, \ldots$
2. $V(X_n) = \sigma_n^2 < \infty, n = 1, 2, \ldots$
3. $B_n = \sqrt{\sum_{j=1}^n \sigma_j^2}$, $M_n = \sum_{j=1}^n \mu_j$ とする．任意の $\epsilon > 0$ に対して，

$$\lim_{n\to\infty}\sum_{j=1}^{n}\frac{1}{B_n^2}E\left((X_j-\mu_n)^2\mathbf{1}_{\{|X_j-\mu_n|>\epsilon B_n\}}\right)=0$$

このとき，$Y_n=(S_n-M_n)/B_n$ は N$(0,1)$ に収束する．ここで，$\mathbf{1}_A(x)$ は集合 A の定義関数である．すなわち，$x\in A$ であれば 1，$x\notin A$ であれば 0 である．

証明は高度なので省略する．興味ある読者は，数理統計学または確率論の専門書を参照されたい．

定理 15 の 3 番目の条件はリンデベルグ (Lindeberg)[3]条件と呼ばれる．

定理 15 が，定理 14 を含んでいることを確認しておこう．定理 14 の条件では分散が等しい，すなわち $B_n^2=n\sigma^2$ であるから，リンデベルグ条件は，

$$\lim_{n\to\infty}\sum_{j=1}^{n}\frac{1}{B_n^2}E\left((X_j-\mu_n)^2\mathbf{1}_{\{|X_j-\mu_n|>\epsilon B_n\}}\right)$$

$$=\lim_{n\to\infty}\sum_{j=1}^{n}\frac{1}{n\sigma^2}E\left((X_j-\mu)^2\mathbf{1}_{\{|X_j-\mu|>\epsilon\sigma\sqrt{n}\}}\right)$$

$$=\lim_{n\to\infty}\frac{1}{\sigma^2}E\left((X_1-\mu)^2\mathbf{1}_{\{|X_1-\mu|>\epsilon\sigma\sqrt{n}\}}\right)$$

より，3 行目が 0 となることであるが，3 行目の期待値は，$E\left((X_1-\mu)^2\right)<\infty$ であることから $n\to\infty$ で 0 に収束する．なお，2 行目から 3 行目の変形では，X_j の分布が独立同分布であることから期待値が j によらないことを用いた．

定理 15 は，大雑把に言うと，「独立な確率変数をたくさん足すと正規分布する」ということを意味している．同分布である必要さえないのである．元の分布の細かい構造 (期待値と分散以外の構造) は合計の分布には反映されないということでもある．一方，期待値，分散が存在しない場合はその限りではなく，次の 10.3 節で扱うコーシー分布の場合は，変数を合計しても元の分布の特徴が消えずにそのまま残る (問題 10–5 参照)．

補足 16. リンデベルグの中心極限定理 (定理 15) は，もちろん，大数の法則の一般化になっている．実際，定理 14 において $a=-L$，$b=L$ とおけば，標本平均 $z_n=S_n/n$ であるから，このとき中心極限定理は，

$$P\left(\left|\frac{nz_n-n\mu}{\sqrt{n}\sigma}\right|\le L\right)\to\int_{-L}^{L}\frac{1}{\sqrt{2\pi}}e^{-\frac{x^2}{2}}dx\quad(n\to\infty)\tag{10.3}$$

と書き直すことができる．(10.3) の左辺は，

$$P\left(|z_n-\mu|\le\frac{\sigma L}{\sqrt{n}}\right)=1-P\left(|z_n-\mu|>\frac{\sigma L}{\sqrt{n}}\right)$$

と書き直せるので，$\epsilon=\frac{\sigma L}{\sqrt{n}}$ とおけば，$L=\sqrt{n}\epsilon/\sigma$ であるから，

$$1-P(|z_n-\mu|>\epsilon)\to\int_{-\sqrt{n}\epsilon/\sigma}^{\sqrt{n}\epsilon/\sigma}\frac{1}{\sqrt{2\pi}}e^{-\frac{x^2}{2}}dx\to1\quad(n\to\infty)$$

となり，$P(|z_n-\mu|>\epsilon)\to0\ (n\to\infty)$ となるから，大数の法則が導かれたことになる．

---

[3] リンドバーグと発音されることもある．

10.3 期待値が存在しない場合

大数の法則では期待値が存在することが必要であり，その精密化である中心極限定理では，期待値だけでなく分散も存在することを仮定する必要があった．これらが成り立たない場合は奇妙なことが起きる．定理を理解するには，定理の証明を読んだり，応用例を見ることが大事であるが，同時に，定理の仮定が満たされないときに，定理の結論が成り立たない例を知ることで，より深い理解が得られる．

この節では，期待値も分散も存在しないコーシー分布
$$f_1(x) = \frac{1}{\pi}\frac{1}{1+x^2}$$
の性質をシミュレーションによって観察し，この問題に対する感覚的な理解を深めていこう．

コーシー分布に従う確率変数の標本平均の挙動を見てみよう．

```
ave <- numeric(10000)
x <- rcauchy(10000)
for( n in 1:10000 ) ave[n] <- mean(x[1:n])
plot(1:10000,ave)
abline(h=0)
```

何をしているかを簡単に説明する．最初に1万個の0を並べたベクトル ave を用意し，コーシー分布に従う乱数1万個を並べたベクトル x を用意している．3行目で x の最初の n 個の平均をとったものを ave に格納し，4行目で (n,ave[n]) をプロットしている．最後の行は高さ0の水平線を引いている．

図 10.4 を見ると，0 に近づきそうに見えるが，突然大きく外れてしまうことがある．極端な値が全体の挙動に大きな影響を与えてしまうため，一定の値に近づくとは期待できないのである．期待値が存在しないというのは数学的な話というだけではなく，実際に値に大きな影響があるわけである．期待値が存在しないコーシー分布においては大数の法則は成り立たないのだ．

標準偏差を見る方がもっとはっきりわかる．

```
> sd_cauchy <- numeric(10000)
> for( n in 1:10000 ) sd_cauchy[n] <- sd(x[1:n])
> plot(1:10000,sd_cauchy)
```

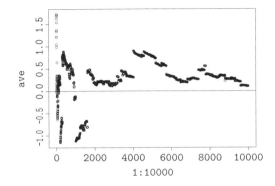

図 10.4：コーシー分布の標本平均の動き

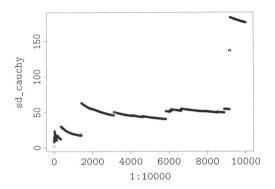

図 10.5：コーシー分布の標本標準偏差の動き

100　第 10 章　中心極限定理

図 10.5 はコーシー分布の標準偏差 (不偏分散の平方根) をプロットしたものである．標本平均よりも変動が極端で，急に値が変わってしまうことに気づくだろう．

10.4　章末問題

(R) マークは R を使って解答する問題，**(数)** マークは数学的な問題である．

$\boxed{\text{問題 10-1}}$ **(R)**　指数分布に従う確率変数 3 つ X_1, X_2, X_3 の平均 $(X_1 + X_2 + X_3)/3$ を 1000 回の試行でどのようなヒストグラムが得られるか．また，ヒストグラムと同じ平均と分散を持つ正規分布を重ねて確認せよ．

$\boxed{\text{問題 10-2}}$ **(数)**　X_n を二項分布 $\mathrm{Bi}(n,p)$ $(0 < p < 1)$ に従う確率変数とする．このとき，

$$\frac{X_n - np}{\sqrt{np(1-p)}}$$

の分布が正規分布 $\mathrm{N}(0,1)$ に近付くことを中心極限定理を用いて証明せよ (ド・モアブル＝ラプラスの定理)．

$\boxed{\text{問題 10-3}}$ **(R)**　問題 1–11 で定義された MAD は，次の性質を持つことが知られている．$\mathrm{N}(\mu, \sigma^2)$ に従う確率変数 $X_1, X_2, \ldots$ に対して

$$\lim_{n \to \infty} E(\mathrm{MAD}(X_1, X_2, \ldots, X_n)) = \sigma$$

が成り立つ．これをシミュレーションによって確認せよ．

$\boxed{\text{問題 10-4}}$ **(数)**　確率変数 X に対し，$\phi(t) = E(e^{itX})$ を X の特性関数と言う．位置母数 0，形状母数 1 のコーシー分布に対して，積率母関数 $M_X(t) = E(e^{tX})$ が $t \neq 0$ で発散するのに対し，特性関数は存在することを示し，その特性関数を求めよ．特性関数を求めるには複素関数論の知識が必要となる．

$\boxed{\text{問題 10-5}}$ **(数)**　前問で位置母数 0，形状母数 1 のコーシー分布の特性関数を求めた．特性関数と確率分布が 1 対 1 に対応していること，独立な確率変数の和に対する特性関数が積になることを既知として，次を示せ．

$X_1, X_2, \ldots, X_n$ を位置母数 0，形状母数 1 のコーシー分布に従う確率変数とする．このとき，

$$\mu_n = \frac{1}{n} \sum_{j=1}^{n} X_j$$

は位置母数 0，形状母数 1 のコーシー分布に従う (この事実は，コーシー分布に対しては第 10 章で学んだ中心極限定理が成り立たないことを示している)．

第 11 章

点推定 1

サンプルから元となる確率分布のパラメータ (母平均や母分散など) を推定することを，点推定と言う．ここでは，点推定の基本的な考え方である最尤推定について説明し，実際の分布にあてはめるための関数 `fitdistr` の使い方について説明する．また，分散に関しては，不偏推定量である不偏分散が頻繁に使われるため，その考え方を説明する．

11.1 点推定

日本人全体の身長の分布がどうなるかを知りたいとしよう．日本人全員の身長を測定することは現実的ではない．そこで，例えば日本人を n 人ランダムに選んで身長を測定し，選んだサンプル $x_1, x_2, \ldots, x_n$ から平均身長や標準偏差を推定することを考えよう．このように，知りたい集団を**母集団** (population) と言い，母集団から，全ての要素が等確率で選ばれるように無作為に選ぶことを**ランダムサンプリング** (random sampling) と言う．

身長が正規分布に従うと仮定し，ランダムサンプリングされた $x_1, x_2, \ldots, x_n$ から母平均 μ と母分散 σ^2 がどうなるか推定する問題を考える (**図 11.1**)．このようにサンプルから元となる確率分布のパラメータを推定することを**点推定** (point estimation) と言う．

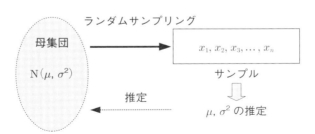

図 11.1：点推定の概念図

例えば，母平均 μ の推定値として，

$$\hat{\mu} = \frac{1}{n}(x_1 + x_2 + \cdots + x_n)$$

を考えることができるだろう．ここで $\hat{\mu}$ (ミューハットと読む) のようにサンプルからの推定値はハットをつけて表すのが習慣になっている．一般にパラメータの推定値はサンプル $x_1, x_2, \ldots, x_n$ の関数であって，サンプリングごとに異なる確率変数である．

点推定には，絶対的によいものが 1 つあるわけではなく，適宜使い分けている．以下，代表的な点推定法である最尤推定と不偏推定の考え方について説明する．

11.2 最尤推定法

パラメータをどのように推定するかには複数の考え方があるが，応用範囲の広い方法として**最尤推定法** (maximum likelihood method) がある．最尤は「さいゆう」と読む．もっともらしい (尤も

102　第 11 章　点推定 1

らしい) から来ている. 英語にあるように「最も似ている」という意味である.

　最尤推定では,「現実のサンプルは確率最大のものが実現した」と考える. この考え方を**最尤原理** (maximum likelihood principle) と言う.

　最尤推定法では, 確率分布が既知である必要がある. 母集団の確率分布が正規分布である, あるいはポアソン分布である, という形で前提となる知識があり, 不明なのはその分布を決めるパラメータ, 例えば平均, 分散などである, という場合に適用できる.

　ポアソン分布を考えよう. ポアソン分布は, 1 つのパラメータ λ を持つ.

$$f(x; \lambda) = P(X = x) = \frac{\lambda^x}{x!} e^{-\lambda}$$

この母集団からサンプルサイズ n のサンプル $x_1, x_2, \ldots, x_n$ が得られたとすると, そのようなサンプルが得られる確率は,

$$L(\lambda) = f(x_1; \lambda) f(x_2; \lambda) \cdots f(x_n; \lambda)$$

である. これを**尤度関数** (likelihood function), または単に**尤度** (likelihood) と言う. これを最大化することを考える. $x_1, x_2, \ldots, x_n$ は既知なので, 尤度関数はパラメータのみの関数となる. $L(\lambda)$ を最大化するには, その対数を最大化しても同じことであるので, $l(\lambda) = \log L(\lambda)$ を最大化すればよい. これを**対数尤度関数** (log-likelihood function), または単に**対数尤度** (log-likelihood) と呼ぶ. 対数尤度は,

$$l(\lambda) = \log f(x_1; \lambda) + \log f(x_2; \lambda) + \cdots + \log f(x_n; \lambda)$$
$$= \sum_{j=1}^{n} \log \left(\frac{\lambda^{x_j}}{x_j!} e^{-\lambda} \right)$$
$$= \sum_{j=1}^{n} ((x_j \log \lambda - \lambda) - \log(x_j!))$$

$l(\lambda)$ を最大化するには, その微分をとって 0 とおけばよい. このような方程式を**尤度方程式** (likelihood equation) と言う.

$$l'(\lambda) = \sum_{j=1}^{n} \left(\frac{x_j}{\lambda} - 1 \right) = \frac{1}{\lambda} \sum_{j=1}^{n} x_j - n = 0$$

これを λ について解けば,

$$\lambda = \frac{1}{n} \sum_{j=1}^{n} x_j$$

が得られる. これは標本平均に一致する.

11.2.1　正規分布の平均と分散の最尤推定

　連続な確率分布の場合は, ぴったり $X = x_j$ となる確率は 0 であるので, 単純に確率を掛け算すればよいわけではない. 連続の場合は次のように考えればよい. ここでパラメータ $\theta = (\theta_1, \ldots, \theta_r)$ としたときの密度関数を $f(x; \theta)$ とする.

　ぴったり $X = x_j$ となる確率は 0 であるから, 幅を持たせて,

$$P(x_j \leq X < x_j + \Delta x_j) \approx f(x_j; \theta) \Delta x_j$$

とする. これらを掛け算すると, 尤度関数は,

$$f(x_1; \theta) \cdots f(x_n; \theta) \Delta x_1 \cdots \Delta x_n$$

となるが，$\Delta x_1, \ldots, \Delta x_n$ が十分小さければ，尤度は，$f(x_1; \theta) \cdots f(x_n; \theta)$ に比例すると考えてよいであろう．そこで，連続確率分布の場合は，

$$L(\theta) = f(x_1; \theta) \cdots f(x_n; \theta)$$

を尤度関数とするのである．

正規分布を例として平均と分散を最尤推定してみよう．正規分布の確率密度関数は，

$$f(x; \mu, \sigma) = \frac{1}{\sqrt{2\pi}\sigma} e^{-\frac{(x-\mu)^2}{2\sigma^2}}$$

であるから尤度関数は，

$$L(\mu, \sigma) = \prod_{j=1}^{n} \frac{1}{\sqrt{2\pi}\sigma} e^{-\frac{(x_j-\mu)^2}{2\sigma^2}} = \frac{1}{(\sqrt{2\pi}\sigma)^n} e^{-\frac{\sum_{j=1}^{n}(x_j-\mu)^2}{2\sigma^2}}$$

対数尤度は，

$$l(\mu, \sigma) = \log L(\mu, \sigma) = -\frac{\sum_{j=1}^{n}(x_j-\mu)^2}{2\sigma^2} - n\log(\sqrt{2\pi}\sigma)$$

となるので，尤度方程式は，以下のようになる．

$$\frac{\partial l}{\partial \mu} = -\frac{\sum_{j=1}^{n}(x_j-\mu)}{\sigma^2} = 0$$

$$\frac{\partial l}{\partial \sigma} = \frac{\sum_{j=1}^{n}(x_j-\mu)^2}{\sigma^3} - \frac{n}{\sigma} = 0$$

これを解けば，

$$\mu = \frac{1}{n}\sum_{j=1}^{n} x_j, \quad \sigma^2 = \frac{1}{n}\sum_{j=1}^{n}(x_j-\mu)^2$$

が得られる．つまり，正規分布の場合，母平均の最尤推定値は標本平均であり，母分散の最尤推定値は標本分散ということがわかる．

ポアソン分布の場合も標本平均が λ の最尤推定量であったから同様の結論である．これだけ聞くと，なんだか当たり前の結論だと思う読者が多いであろう[*1]．前章で紹介した確率分布に関して平均や分散を最尤推定して得られる結論は，母平均の最尤推定値は標本平均であり，母分散の最尤推定値は標本分散ということである．この点でポアソン分布や正規分布の場合の最尤推定結果には意外なことは何もないが，一般には尤度方程式の解がこのようなわかりやすいものになるとは限らない．それどころか尤度方程式を陽に解くことができない (その際は数値計算が必要となる) ことも多い．最尤推定法において重要なことは結論というよりも考え方である．

11.2.2 `fitdistr` による最尤推定

R で種々の分布のパラメータを最尤推定するには MASS ライブラリの `fitdistr` 関数を利用するのが便利である．`fitdistr` 関数で指定できる分布関数は，正規分布 `normal`，ポアソン分布 `Poisson`，指数分布 `exponential`，ベータ分布 `beta`，コーシー分布 `cauchy`，カイ二乗分布 `chi-squared`，ワイブル分布 `weibull` 等が指定できる (`library(MASS)` とした上で `?fitdistr` とすると指定できる確率分布がわかる)．

ここでは一例として形状母数 8，尺度母数 3 のワイブル分布に従う乱数を 10000 個発生してオブジェクト x とし，x に `fitdistr` 関数を適用しよう (乱数であるから結果は毎回異なる)．

[*1]　大学時代に数理統計の講義を聞いたとき，つまらない話だと思ったものである (神永)．

```
> x <- rweibull(10000,8,3)
> library(MASS)
> fitdistr(x,"weibull")
      shape          scale
  8.011297779    3.000106082
 (0.062586394)  (0.003942369)
```

warning メッセージが出るかもしれないが気にしなくてよい．括弧の中は推定標準偏差である (推定誤差を見積もるために出力されている)．ヒストグラムと推定パラメータを用いた密度関数を重ね合わせると，図 11.2 のようになる．密度関数とよくフィットしていることがわかるだろう．

```
> hist(x,prob=TRUE)
> curve(dweibull(x,shape=8.011249412, scale=3.000104730),add=TRUE)
```

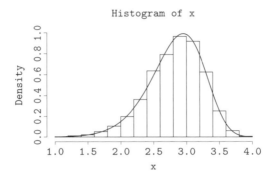

図 11.2：fitdistr を用いた最尤推定結果

11.3 不偏推定量

推定量 $\hat{\theta}$ の期待値をとったとき，それが真のパラメータ θ_0 に一致するという性質を持つべきだと考えるのが不偏推定の考え方である．つまり，
$$E(\hat{\theta}) = \theta_0$$
となる推定量 $\hat{\theta}$ を**不偏推定量** (unbiased estimator) と言う．

標本平均は母平均の不偏推定量である．なぜなら，
$$E\left(\frac{X_1 + X_2 + \cdots + X_n}{n}\right) = \frac{1}{n}(E(X_1) + E(X_2) + \cdots + E(X_n))$$
$$= \frac{1}{n}(\mu + \mu + \cdots + \mu) = \mu$$
となるからである．では分散もそうなるのかというと，そうはならない．次節で説明する．

11.3.1 不偏分散

不偏分散は，分散と違い，平均からの偏差の二乗の和を
$$\frac{1}{n-1}\sum_{j=1}^{n}(x_j - \overline{x})^2$$
と，n ではなく $n-1$ で割るものであった．

なぜ n ではなく $n-1$ で割るのか，疑問に思う人が多いであろう．そこで，ここではこの理由を説明する．

まず，R でシミュレーションしてみることにしよう．平均 10，標準偏差 5 (分散 25) の正規乱数を 10 個発生させて不偏分散と分散を求める．つまり，次の量を計算する．

$$\text{unbiased\_var}[j] = \frac{1}{10-1}\sum_{i=1}^{10}\left(x[i,j]-\overline{x[,j]}\right)^2$$

$$\text{biased\_var}[j] = \frac{1}{10}\sum_{i=1}^{10}\left(x[i,j]-\overline{x[,j]}\right)^2 = \frac{9}{10}\text{unbiased\_var}[j]$$

j はトライアルのカウンタである．トライアルの総数は 1 万回としよう．どちらが本来の分散 25 に近いか比較してみよう．

そのためには次のように入力すればよい．

ここでは，まず，10 万個の平均 10，標準偏差 5 (分散 25) の正規乱数のベクトル x を作り，これを 10000 行 10 列の行列 xm に変換する．apply(xm,1,var) は，xm の行ごとに不偏分散を求めるという意味である．列ごとにするには，apply(xm,2,var) のように，1 を 2 に変えればよい．

```
x <- rnorm(100000,10,5)
xm <- matrix(x,nrow=10000,ncol=10)
unbiased_var <- apply(xm,1,var)
biased_var <- (9/10)*unbiased_var
```

ヒストグラムを表示して真の分散と標本分散の平均値のズレを視覚的に見てみよう (**図 11.3**)．そのためには以下のように入力すればよい[*2]．

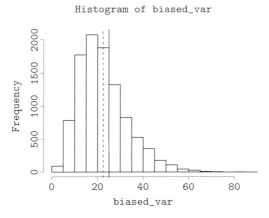

図 11.3：推定値のズレ

[*2] 縦線を引くときは，abline(v=xx) のように v に横位置を指定すればよい．ちなみに横線を引きたいときは，abline(h=yy) のように h に縦位置を指定すればよい．lwd は線の太さ，lty は線のスタイルで，何も指定しなければ実線，"dashed" とすると破線となる．

106　第11章　点推定1

```
> hist(biased_var)
> abline(v=25,lwd=2)
> abline(v=mean(biased_var),lwd=2,lty="dashed")
```

　図11.3にある標本分散のヒストグラムと，真の分散 = 25 (実線) と，標本分散の平均 (破線) を並べてみると標本分散が真の分散よりも小さな値になっていることがわかるだろう.

　両者の平均値を計算してみると，次のようになる.

```
> mean(unbiased_var)
[1] 25.04815
> mean(biased_var)
[1] 22.54333
```

　不偏分散 unbiased_var の平均が 25.04815 であり，分散 biased_var の平均が 22.54333 となっている. 本来の分散は 25 だから，確かに不偏分散の方がより正確に真の分散を推定していることになる.

　結果は毎回違うので，読者が見ている答は各々異なるはずだが，(極めて高い確率で) 不偏分散 unbiased_var の平均の方が 25 に近いであろう.

　これは偶然ではない. 数学的なカラクリは以下のようになる.

$$s^2 = \frac{1}{n} \sum_{j=1}^{n} (x_j - \overline{x})^2$$

の平均 (期待値) を計算する.

　注意しなければならないのは，$\overline{x} = \frac{1}{n} \sum_{j=1}^{n} x_j$ であり，これ自身が推定値であるということである. 真の分散 σ^2 は，真の平均 μ を用いて，$\sigma^2 = \frac{1}{n} \sum_{j=1}^{n} (x_j - \mu)^2$ と表される. 以下，E は確率変数としての期待値であって標本の平均ではないことにも注意しよう.

$$(x_j - \overline{x})^2 = \{(x_j - \mu) - (\overline{x} - \mu)\}^2$$
$$= (x_j - \mu)^2 - 2(x_j - \mu)(\overline{x} - \mu) + (\overline{x} - \mu)^2$$

の両辺を j について和をとり n で割れば，

$$s^2 = \frac{1}{n} \sum_{j=1}^{n} (x_j - \overline{x})^2$$
$$= \frac{1}{n} \sum_{j=1}^{n} (x_j - \mu)^2 - 2\frac{1}{n} \sum_{j=1}^{n} (x_j - \mu)(\overline{x} - \mu) + \frac{1}{n} \sum_{j=1}^{n} (\overline{x} - \mu)^2$$
$$= \frac{1}{n} \sum_{j=1}^{n} (x_j - \mu)^2 - 2(\overline{x} - \mu)^2 + (\overline{x} - \mu)^2$$
$$= \frac{1}{n} \sum_{j=1}^{n} (x_j - \mu)^2 - (\overline{x} - \mu)^2$$
$$= \sigma^2 - (\overline{x} - \mu)^2$$

この両辺の期待値を計算すると，

$$E(s^2) = \sigma^2 - E((\overline{x} - \mu)^2)$$
$$= \sigma^2 - \frac{\sigma^2}{n}$$
$$= \frac{n-1}{n}\sigma^2$$

となり，期待値が小さい方にずれることがわかる．ここで，

$$E((\overline{x} - \mu)^2) = E\left(\left(\frac{1}{n}\sum_{j=1}^{n} x_j - \mu\right)^2\right)$$
$$= E\left(\left(\frac{1}{n}\sum_{j=1}^{n}(x_j - \mu)\right)^2\right)$$
$$= \frac{1}{n^2}E\left(\left(\sum_{j=1}^{n}(x_j - \mu)\right)^2\right)$$
$$= \frac{1}{n^2}E\left(\sum_{i,j=1}^{n}(x_i - \mu)(x_j - \mu)\right)$$
$$= \frac{1}{n^2}\sum_{i,j=1}^{n}E((x_i - \mu)(x_j - \mu))$$
$$= \frac{1}{n^2}\sum_{j=1}^{n}E((x_j - \mu)^2)$$
$$= \frac{1}{n^2}\sum_{j=1}^{n}\sigma^2$$
$$= \frac{1}{n^2}\cdot n\sigma^2 = \frac{\sigma^2}{n}$$

であることを使った．ここで 5 行目から 6 行目を導く際に，$i \neq j$ となる i, j に対し，$x_i - \mu$ と $x_j - \mu$ が独立であることから $E((x_i - \mu)(x_j - \mu)) = 0 (i \neq j)$ となることを用いた．

そこで s^2 の代わりに，不偏分散

$$\widetilde{s^2} = \frac{1}{n-1}\sum_{j=1}^{n}(x_j - \overline{x})^2$$

を使うことにすれば，$E(\widetilde{s^2}) = \sigma^2$ となり不偏性が満たされるのである[*3]．

このようなことが生ずるのは，そもそも $\overline{x}$ が推定値であり，$y_j = x_j - \overline{x}$ としたとき，$y_1 + y_2 + \cdots + y_n = 0$ という制約のもとで，$y_1^2 + y_2^2 + \cdots + y_n^2$ を求めていることによる．実際には，n 個全てを自由に動かすことはできず，$n-1$ 個しか自由に動かせないのである．

[*3]　ただし，ややこしいことに，不偏分散の平方根は，標準偏差の不偏推定量ではない．

108　第 11 章　点推定 1

11.4　章末問題

(R) マークは R を使って解答する問題，**(数)** マークは数学的な問題である．

問題 11-1 **(R)**　正規分布，ポアソン分布，コーシー分布する乱数を 10000 個発生させ，各々のパラメータを MASS ライブラリの `fitdistr` 関数を用いて推定せよ (コーシー分布の場合はうまく推定できない場合がある)．

問題 11-2 **(数)**　$\hat{\theta}$ が θ の最尤推定量であれば，単調かつ連続的微分可能な関数 $f(\theta)$ の最尤推定量は，$f(\hat{\theta})$ であることを示せ[*4]．この性質を最尤推定量の不変性という．

問題 11-3 **(数)**　1 回につき確率 $p\,(0 < p < 1)$ で起きる事象を n 回繰り返したときに r 回起きたとする．p の最尤推定量 $\hat{p}$ を求めよ．

[*4]　ここでは簡単のため f の単調性を仮定しているが，θ の定義域全体で単調性がなくとも，区分的に単調であれば，$f(\theta)$ の最尤推定量の 1 つは $f(\hat{\theta})$ であることが言える．ただし，多数存在することもある．

第12章

点推定2

前章で点推定の基本的な考え方を解説した．ここでは，さらに進んで不偏推定量の分散の下限を与えるクラメール＝ラオの不等式および等号を達成する有効推定量を学ぶ．さらに，クラメール＝ラオの不等式に現れるフィッシャー情報量を巧妙に利用して最尤推定値を数値計算する方法として，フィッシャーのスコア法を学習する．

12.1 クラメール＝ラオの不等式

本節では，不偏推定量の分散の下限を与える不等式を説明する．

確率変数 X の確率密度関数を $f(x; \theta)$ とする．ここで，θ は確率密度関数のパラメータである．連続な場合について述べるが，積分を和に直せば離散的な場合でも同様の議論ができる．以下，議論を簡略化するため，f は θ に関して必要なだけ微分可能で，期待値の積分と θ による微分の順序交換ができる（正則条件が成り立つといわれる）ことを仮定する．

パラメータ θ に関する**フィッシャー情報量**（Fisher information）を

$$I(\theta) = E\left(\left(\frac{\partial}{\partial \theta} \log f(x; \theta)\right)^2\right) \tag{12.1}$$

で定義する．

フィッシャー情報量は，f のパラメータに関する二階微分を用いて表示することもできる．まず，確率密度に関する自明な等式

$$\int f(x; \theta) dx = 1$$

の両辺を θ で 2 回微分すると，積分と微分の順序交換ができるという条件の下で，

$$\int \frac{\partial^2}{\partial \theta^2} f(x; \theta) dx = 0 \tag{12.2}$$

が得られるが，ここで，

$$\frac{\partial}{\partial \theta}(\log f(x; \theta)) = \frac{1}{f(x; \theta)} \frac{\partial}{\partial \theta} f(x; \theta) \tag{12.3}$$

となることを利用し，(12.3) を (12.2) に代入すると，

$$\begin{aligned}
0 &= \int \frac{\partial}{\partial \theta}\left(\frac{\partial}{\partial \theta} f(x; \theta)\right) dx \\
&= \int \frac{\partial}{\partial \theta}\left(\frac{\partial}{\partial \theta}(\log f(x; \theta)) f(x; \theta)\right) dx \\
&= \int \left(\frac{\partial^2}{\partial \theta^2}(\log f(x; \theta)) f(x; \theta) + \frac{\partial}{\partial \theta}(\log f(x; \theta)) \frac{\partial}{\partial \theta} f(x; \theta)\right) dx \\
&= \int \frac{\partial^2}{\partial \theta^2}(\log f(x; \theta)) f(x; \theta) dx + \int \left(\frac{\partial}{\partial \theta}(\log f(x; \theta))\right)^2 f(x; \theta) dx
\end{aligned}$$

となる．積分を期待値の記号で書き直すと，

110　第 12 章　点推定 2

$$E\left(\frac{\partial^2}{\partial \theta^2}(\log f(x;\theta))\right) = -E\left(\left(\frac{\partial}{\partial \theta}(\log f(x;\theta))\right)^2\right) = -I(\theta)$$

となる．したがって，フィッシャー情報量を (f の二階微分可能性を仮定して)

$$I(\theta) = -E\left(\frac{\partial^2}{\partial \theta^2}(\log f(x;\theta))\right) \tag{12.4}$$

で定義してもよい．

　不偏推定量の分散とフィッシャー情報量について，次の定理が成り立つ．

定理 17. (Rao(1945)[12], Cramér(1946)[13])　確率変数 X の確率密度関数を $f(x;\theta)$ とし，n 個の観測値 $X_1, \ldots, X_n$ が独立にこの確率分布に従うものとする．$\hat{\theta}$ を θ の不偏推定量とするとき，

$$V(\hat{\theta}) \geq \frac{1}{nI(\theta)} \tag{12.5}$$

が成り立つ．

証明. 以下，$x = (x_1, x_2, \ldots, x_n)$，$f_n(x;\theta) = f(x_1;\theta)\cdots f(x_n;\theta)$，$dx = dx_1 dx_2 \cdots dx_n$ とし，dx に関する全域での積分を，単に $\int \cdots dx$ で表す．

　全確率は 1 であるから，

$$\int f_n(x;\theta)dx = 1 \tag{12.6}$$

となるが，(12.6) の両辺を θ で微分し，積分記号と微分の順序交換ができると仮定すれば，

$$\int \frac{\partial}{\partial \theta} f_n(x;\theta)dx = 0 \tag{12.7}$$

となる．ここで，

$$\frac{\partial}{\partial \theta}(\log f_n(x;\theta)) = \frac{1}{f_n(x;\theta)}\frac{\partial}{\partial \theta}f_n(x;\theta)$$

であることに注意すると，(12.7) は，

$$\int \frac{\partial}{\partial \theta}(\log f_n(x;\theta))f_n(x;\theta)dx = 0 \tag{12.8}$$

と書き直すことができる．(12.8) を期待値の形で書けば，

$$E\left(\frac{\partial}{\partial \theta}(\log f_n(x;\theta))\right) = 0 \tag{12.9}$$

が得られる．

　一方，$\hat{\theta}$ は不偏推定量，すなわち $\theta = E(\hat{\theta})$ が成り立つから，

$$\theta = E(\hat{\theta}) = \int \hat{\theta}(x)f_n(x;\theta)dx \tag{12.10}$$

となる．(12.10) の両辺を θ で微分する．積分記号下での微分ができるとすれば，

$$1 = \int \hat{\theta}(x)\frac{\partial f_n(x;\theta)}{\partial \theta}dx$$
$$= \int \hat{\theta}(x)\frac{\partial \log f_n(x;\theta)}{\partial \theta}f_n(x;\theta)dx$$

となるが，これを期待値で書き直すと，

$$E\left(\hat{\theta}(x)\frac{\partial \log f_n(x;\theta)}{\partial \theta}\right) = 1 \tag{12.11}$$

(12.9) の両辺に θ を掛けて (12.11) から引くと，

$$E\left((\hat{\theta}(x) - \theta)\frac{\partial \log f_n(x;\theta)}{\partial \theta}\right) = 1 \tag{12.12}$$

(12.12) の左辺を二乗して左辺にシュヴァルツの不等式を適用すれば，

$$E((\hat{\theta}(x) - \theta)^2)E\left(\left(\frac{\partial \log f_n(x;\theta)}{\partial \theta}\right)^2\right) \geq E\left((\hat{\theta}(x) - \theta)\frac{\partial \log f_n(x;\theta)}{\partial \theta}\right)^2 = 1 \tag{12.13}$$

ここで，(12.7) より，分散の公式 $V(Z) = E(Z^2) - E(Z)^2$ を用いると，

$$V\left(\frac{\partial \log f_n(x;\theta)}{\partial \theta}\right) = E\left(\left(\frac{\partial \log f_n(x;\theta)}{\partial \theta}\right)^2\right) - E\left(\frac{\partial \log f_n(x;\theta)}{\partial \theta}\right)^2$$

$$= E\left(\left(\frac{\partial \log f_n(x;\theta)}{\partial \theta}\right)^2\right) = I(\theta)$$

が成り立つことがわかるが (最後の等式で (12.1) を用いた)，独立な確率変数の和の分散を分解して，

$$V\left(\frac{\partial \log f_n(x;\theta)}{\partial \theta}\right) = \sum_{j=1}^n V\left(\frac{\partial \log f(x_j;\theta)}{\partial \theta}\right)$$

$$= nV\left(\frac{\partial \log f(x;\theta)}{\partial \theta}\right) = nI(\theta)$$

とする．さらに $V(\hat{\theta}) = E((\hat{\theta}(x) - \theta)^2)$ であるから，

$$V(\hat{\theta}) \geq \frac{1}{nI(\theta)} \tag{12.14}$$

が得られる． □

定理 17 の不等式を**クラメール＝ラオの不等式** (Cramér–Rao inequality)，または**情報量不等式** (information inequality) と言い，右辺を**クラメール＝ラオの下限** (Cramér–Rao lower bound) と言う．

12.1.1 有効推定量

クラメール＝ラオの不等式 (定理 17) において，等号が成立するような不偏推定量を**有効推定量** (efficient estimator) と言う[*1].

7.2 節の指数分布の式 (7.4) を $\theta = 1/\lambda$ (θ は平均に，θ^2 は分散に一致する) と書き換えて[*2]

$$f(x;\theta) = \begin{cases} \frac{1}{\theta}e^{-x/\theta} & (x \geq 0) \\ 0 & (x < 0) \end{cases} \tag{12.15}$$

としよう．(12.15) に対するフィッシャー情報量は，12.1 節の式 (12.4) を用いて

[*1] 本書では最尤推定量，不偏推定量，有効推定量しか扱っていないが，この他にも多数の推定量があり，数理統計学では重要な研究対象である．詳細は，例えば，鈴木・山田 [7] を参照されるとよい．この本は，ルベーグ積分を使わない範囲で議論を展開しており，読みやすい良書である．

[*2] このように書き換えているのは，λ の有効推定量が存在しないからであるが，その理由は簡単ではないので，ここでは省略する．

112　第 12 章　点推定 2

$$I(\theta) = -E\left(\frac{\partial^2}{\partial\theta^2}\log f(x;\theta)\right)$$

$$= -E\left(\frac{\partial^2}{\partial\theta^2}\left(-\log\theta - \frac{x}{\theta}\right)\right)$$

$$= -E\left(\frac{1}{\theta^2} - \frac{2x}{\theta^3}\right)$$

$$= -\frac{1}{\theta^2}E(1) + \frac{2}{\theta^2}E(x)$$

$$= -\frac{1}{\theta^2} + \frac{2}{\theta^4}\int_0^\infty xe^{-x/\theta}dx$$

$$= -\frac{1}{\theta^2} + \frac{2}{\theta^4}\theta^2 = \frac{1}{\theta^2}$$

であるから，クラメール＝ラオの下限は，

$$\frac{1}{nI(\theta)} = \frac{\theta^2}{n}$$

となる．

指数分布 (12.15) に従う n 個の独立な確率変数 $X_1,\ldots,X_n$ に対し，その標本平均

$$\hat{\theta} = \frac{1}{n}\sum_{j=1}^n X_j \tag{12.16}$$

は，明らかに θ の不偏推定量である．その分散も，独立性から和に分解するので，

$$V(\hat{\theta}) = \frac{1}{n^2}\sum_{j=1}^n V(X_j) = \frac{1}{n^2}\cdot n\theta^2 = \frac{\theta^2}{n}$$

となり，クラメール＝ラオの下限を達成する．つまり，標本平均 (12.16) は θ の有効推定量になっている．

θ の不偏推定量は標本平均だけではない．例えば，$\hat{\theta}_2 = n\min_{1\le j\le n}X_j$ とすると，

$$n\min_{1\le j\le n}X_j \le x$$

という事象の余事象は，全ての j に対して $X_j > x/n$ ということであるから，

$$P(\hat{\theta}_2 \le x) = 1 - P(X > x/n)^n = 1 - e^{-nx/n\theta} = 1 - e^{-x/\theta}$$

となり，X と同じ分布となる．よって，平均は明らかに θ であるから $\hat{\theta}_2$ は θ の不偏推定量である．また，分散は θ^2 である．この分散 θ^2 は，$(n \ge 2$ のとき$)$ 明らかにクラメール＝ラオの下限 θ^2/n よりも大きい．つまり，$\hat{\theta}_2$ は θ の不偏推定量ではあるが，有効推定量ではない．

12.2　フィッシャーのスコア法

確率分布のパラメータを最尤推定するには，尤度方程式を解けばよいが，きれいな式で書けないことも多いため，一般には数値計算が必要となる．最初に未知数が 1 つだけの方程式 $h(\theta) = 0$ を解くことを考えよう．h は必要なだけ微分できるとしておこう．このとき，数値計算法として広く知られているニュートン・ラフソン法で $h(\theta) = 0$ の解を求めるには，初期値 θ_0 から始めて，反復的に

$$\theta_{n+1} = \theta_n - \frac{h(\theta_n)}{h'(\theta_n)}, \quad n = 0, 1, \ldots$$

とすればよいのだった[*3].

θ を未知パラメータとする確率分布 $f(x; \theta)$ およびサンプルから定まる尤度を $L(\theta)$ とし,対数尤度を $l(\theta) = \log L(\theta)$ とするとき,尤度方程式を解くことは,**スコア統計量** (score statistic)

$$S(\theta) = \frac{\partial l}{\partial \theta} = \frac{\partial}{\partial \theta}(\log L(\theta))$$

を 0 にするような θ を求めることと同値である.スコア統計量にニュートン・ラフソン法を適用するためには,

$$J(\theta) = -S'(\theta) = \frac{\partial^2 l}{\partial \theta^2} \tag{12.17}$$

を用いて,

$$\theta_{n+1} = \theta_n + \frac{S(\theta_n)}{J(\theta_n)}$$

による反復計算で最尤推定値が求まるはずである.しかし,(12.17) の符号は一般にはわからない.そこで,$S'(\theta)$ そのものではなく,$S'(\theta)$ の期待値を代わりに使うことを考える.前節での議論から,フィッシャー情報量

$$I(\theta) = -E(S'(\theta)) = E\left(\left(\frac{\partial l}{\partial \theta}\right)^2\right) > 0$$

で置き換えて,

$$\theta_{n+1} = \theta_n + \frac{S(\theta_n)}{I(\theta_n)} \tag{12.18}$$

として反復計算を行うのである.このアルゴリズムは**フィッシャーのスコア法** (Fisher's scoring method) と呼ばれ,最尤推定で頻繁に使われる.

12.3 最尤推定用スクリプトの例

前節で,MASS ライブラリの `fitdistr` 関数を利用して最尤推定を行った.しかし,`fitdistr` 関数で指定できない複雑な確率分布,例えば 2 つの山がある確率分布などではパラメータ推定できない.そうしたケースでは数値計算スクリプトを書く必要が生ずる.ここでは,前節で `fitdistr` 関数を利用して計算したワイブル分布の形状母数と尺度母数の最尤推定スクリプトをあえて初めから作成し,一例に供する.もちろん,ワイブル分布は `fitdistr` 関数で最尤推定できるので実際に必要なスクリプトではない.本節は,尤度方程式がきれいに解けない場合があることを確認するとともに,最尤推定スクリプトを R でどのように記述するかを学ぶためのものである.

ワイブル分布の確率密度関数は,

$$f(x) = \begin{cases} \frac{k}{\lambda}\left(\frac{x}{\lambda}\right)^{k-1} e^{-\left(\frac{x}{\lambda}\right)^k} & (x > 0) \\ 0 & (x \leq 0) \end{cases}$$

であった.尤度は,

$$L = \left(\frac{k}{\lambda}\right)^n \left(\frac{x_1}{\lambda}\right)^{k-1} \left(\frac{x_2}{\lambda}\right)^{k-1} \cdots \left(\frac{x_n}{\lambda}\right)^{k-1} e^{-\left(\frac{x_1}{\lambda}\right)^k} e^{-\left(\frac{x_2}{\lambda}\right)^k} \cdots e^{-\left(\frac{x_n}{\lambda}\right)^k}$$

[*3] R では,`uniroot` 関数を用いればニュートン・ラフソン法によって方程式が解ける.

114　第 12 章　点推定 2

であるから対数尤度は，

$$l = n \log \left(\frac{k}{\lambda} \right) + (k-1) \sum_{j=1}^{n} \log \left(\frac{x_j}{\lambda} \right) - \sum_{j=1}^{n} \left(\frac{x_j}{\lambda} \right)^k$$

$$= n(\log k - \log \lambda) + (k-1) \left(\sum_{j=1}^{n} \log x_j - n \log \lambda \right) - \sum_{j=1}^{n} \left(\frac{x_j}{\lambda} \right)^k$$

となる．l を各パラメータで微分すると，次のようになる．

$$\frac{\partial l}{\partial k} = \frac{n}{k} + \sum_{j=1}^{n} \log \left(\frac{x_j}{\lambda} \right) - \sum_{j=1}^{n} \left(\frac{x_j}{\lambda} \right)^k \log \left(\frac{x_j}{\lambda} \right) = 0 \tag{12.19}$$

$$\frac{\partial l}{\partial \lambda} = -\frac{nk}{\lambda} + \frac{k}{\lambda^{k+1}} \sum_{j=1}^{n} x_j^k = 0 \tag{12.20}$$

(12.20) を整理すると，

$$\lambda = \left(\frac{1}{n} \sum_{j=1}^{n} x_j^k \right)^{1/k} \tag{12.21}$$

というシンプルな関係式が得られるが，(12.21) を (12.19) に代入しても k について解けないので，数値計算が必要となる．数値計算の標準的な手法は，先にも述べたようにニュートン・ラフソン法だが，対数尤度の二回微分が必要になるので，ここでは (一般性はないが)，この場合にうまくいく簡便な手法を考える．

まず (12.19) は，以下のように変形できる．

$$\frac{n}{k} + \sum_{j=1}^{n} \log x_j - n \log \lambda - \sum_{j=1}^{n} \left(\frac{x_j}{\lambda} \right)^k \log x_j + \sum_{j=1}^{n} \left(\frac{x_j}{\lambda} \right)^k \log \lambda = 0$$

$$\frac{1}{k} + \frac{1}{n} \sum_{j=1}^{n} \log x_j - \log \lambda - \frac{1}{n} \sum_{j=1}^{n} \left(\frac{x_j}{\lambda} \right)^k \log x_j + \frac{1}{n} \sum_{j=1}^{n} \left(\frac{x_j}{\lambda} \right)^k \log \lambda = 0 \tag{12.22}$$

(12.22) と (12.21) より，次のようにシンプルな形になることに注意しよう．

$$\frac{1}{k} + \frac{1}{n} \sum_{j=1}^{n} \log x_j - \frac{1}{n} \sum_{j=1}^{n} \left(\frac{x_j}{\lambda} \right)^k \log x_j$$

$$= \log \lambda - \frac{1}{n} \sum_{j=1}^{n} \left(\frac{x_j}{\lambda} \right)^k \log \lambda$$

$$= \frac{\log \lambda}{\lambda^k} \left(\lambda^k - \frac{1}{n} \sum_{j=1}^{n} x_j^k \right) = 0 \tag{12.23}$$

最後の等式を導く際に (12.21) を用いた．(12.23) に，(12.21) を代入すると左辺は k のみの関数となる．(12.23), (12.20) を次のように書き換える．$s = 1/\lambda^k$ とおいた．したがって，反復計算が終わった後，$\lambda = (1/s)^{1/k}$ とする必要がある．

$$k = \frac{1}{\frac{s}{n} \sum_{j=1}^{n} x_j^k \log x_j - \frac{1}{n} \sum_{j=1}^{n} \log x_j} \tag{12.24}$$

$$s = \frac{1}{\frac{1}{n}\sum_{j=1}^{n} x_j^k} \tag{12.25}$$

さらに，これらに基づいて次の漸化式を考える．初期値は，適当に与える必要がある．

$$k_m = \frac{1}{\frac{s_{m-1}}{n}\sum_{j=1}^{n} x_j^{k_{m-1}} \log x_j - \frac{1}{n}\sum_{j=1}^{n} \log x_j} \tag{12.26}$$

$$s_m = \frac{1}{\frac{1}{n}\sum_{j=1}^{n} x_j^{k_{m-1}}} \tag{12.27}$$

この漸化式で作られる点列 (k_m, s_m) が収束すれば，(12.23), (12.20) の真の解になっているはずである．そこで，この漸化式を用いた反復法で解を求めることができそうだということがわかる[*4]．このアルゴリズムを R で実装してみよう．実装の方法はいろいろあるが，ここでは，x と初期値 (k_0, s_0) を与えて k と λ を出力する関数 MLweibull を作ることとする．反復法は原理的には無限に続けられるので，適当な終了条件が必要になる．MLweibull の終了条件は，与えられた ϵ（デフォルトでは $\epsilon = 0.000001$ だが変更可能[*5]）に対し，$\max\{|k_m - k_{m-1}|, |s_m - s_{m-1}|\} < \epsilon$ を満たす（収束条件）[*6]か，最大反復回数 MAX（デフォルトでは 10000 を指定している）に達するかのいずれかでループを終了する．収束条件が満たされなければ warning メッセージを出力する．

```
MLweibull <- function(x,k0=1,s0=1,MAX=10000,epsilon=0.000001){
  k <- k0
  s <- s0
  lnx <- log(x)
  for (i in 1:MAX){
    s_before <- s
    k_before <- k
    xk <- x^k
    s <- 1/mean(xk)
    k <- 1/(s*mean(xk*lnx)-mean(lnx))
    if(max(abs(s-s_before),abs(k-k_before))<epsilon){
      ErrorFlag <- FALSE
      break
    }
  }
  if(ErrorFlag){
    warning("not converge")
  }
  lambda <- (1/s)^(1/k)
  return(c("k"=k, "lambda"=lambda))
}
```

[*4] これだけで反復法が真の解に収束することを証明できたわけではない．

[*5] 原理的には，ϵ をマシンイプシロン（.Machine$double.eps で定義されている）にとれば最良の近似値が得られるはずであるが，あまり条件をきつくすると正常終了しない可能性があるので，ほどほどでやめておいた方が安全である．

[*6] 値を更新してもほとんど動かない（差が ϵ 未満）ということを意味する．

116　第 12 章　点推定 2

ワイブル乱数オブジェクト x に対し，今作成した MLweibull(x) を実行した結果は次のとおり．

```
> x <- rweibull(10000,8,3)
> MLweibull(x)
       k    lambda
8.011242 3.000105
```

fitdistr で推定した値と近い結果が得られていることがわかる．

ここでは，数値計算の話に深入りしないために数学的にシンプルな方法を用いたが，一般的には先に述べたフィッシャーのスコア法を用いるべきである．というのは，ここで示した反復法の収束は自明ではなく，理論的に話を詰め，その正当性を示すには数学的に混みいった考察をする必要があるからである．すでに実績のある一般的な数値解法の方がこの点を気にする必要がなく安心である．

12.4　章末問題

(R) マークは R を使って解答する問題，**(数)** マークは数学的な問題である．

問題 12-1 **(数)**　平均 $\lambda > 0$ を持つポアソン分布において，標本平均は不偏推定量かつ有効推定量であることを示せ．

問題 12-2 **(R)**　R には最適化計算のための optimize 関数が用意されている．例えば，次は $\sin x$ について，0 から π の範囲で最大値を与える x の値と最大値を計算する場合の使用例である．最大値を与える x の値が 1.570796 であること，最大値が 1 であることがわかる[*7]．

```
> optimize(sin,lower=0,upper=pi,maximum=TRUE)
$maximum
[1] 1.570796

$objective
[1] 1
```

この例を参考にして，問題 11-3 における $n = 12, r = 5$ の場合に，対数尤度の最大値を与える p の値と最大値を求めよ．ここで，二項係数 $_nC_r$ の計算には，choose(n,r) を用いよ[*8]．

[*7]　maximum=FALSE とすると最小値が計算できる．

[*8]　二項係数の対数は，lchoose(n,r) でも計算できる．n が大きいときは，lchoose を用いないと桁溢れが起きることがある．

第**13**章

区間推定

第 11 章で見たように，標本平均の期待値は母平均の不偏推定量である．しかし，得られた標本平均は一般には誤差を含み，母平均には一致しない．母平均を高い確率で含む区間を求める技術が区間推定である．

13.1 大標本における区間推定

サンプルサイズ n が大きい標本は，しばしば**大標本** (large sample) と呼ばれる．中心極限定理 (10.1 節，定理 14) によれば，大標本においては，$S_n = \sum_{j=1}^{n} x_j$ とするとき，近似的に

$$P\left(a < \frac{S_n - n\mu}{\sqrt{n}\sigma} < b\right) \approx \int_a^b \frac{1}{\sqrt{2\pi}} e^{-\frac{x^2}{2}} dx \tag{13.1}$$

が成り立つ．標本平均 $\overline{x} = S_n/n$ であるから，(13.1) の左辺の事象は，

$$a < \frac{n\overline{x} - n\mu}{\sqrt{n}\sigma} < b$$

と書ける．全体に，$\sigma/\sqrt{n}$ を掛けて μ を足せば，

$$\mu + a\frac{\sigma}{\sqrt{n}} < \overline{x} < \mu + b\frac{\sigma}{\sqrt{n}}$$

となることがわかる．つまり，標本平均 $\overline{x}$ に対しては，

$$P\left(\mu + a\frac{\sigma}{\sqrt{n}} < \overline{x} < \mu + b\frac{\sigma}{\sqrt{n}}\right) \approx \int_a^b \frac{1}{\sqrt{2\pi}} e^{-\frac{x^2}{2}} dx \tag{13.2}$$

が成り立つ．$a = -1.96$，$b = 1.96$ とすると右辺の積分の値は 0.95 となることがわかっている．すなわち，

$$P\left(\mu - 1.96\frac{\sigma}{\sqrt{n}} < \overline{x} < \mu + 1.96\frac{\sigma}{\sqrt{n}}\right) \approx \int_{-1.96}^{1.96} \frac{1}{\sqrt{2\pi}} e^{-\frac{x^2}{2}} dx = 0.95$$

が成り立つ．括弧の中身を μ を挟む形にすると，

$$P\left(\overline{x} - 1.96\frac{\sigma}{\sqrt{n}} < \mu < \overline{x} + 1.96\frac{\sigma}{\sqrt{n}}\right) \approx 0.95$$

が得られる (**図 13.1**)．左辺の区間

$$\overline{x} - 1.96\frac{\sigma}{\sqrt{n}} < \mu < \overline{x} + 1.96\frac{\sigma}{\sqrt{n}}$$

を **95％信頼区間** (95% confidence interval) と言う．言い換えれば，「**母平均 μ がこの区間にある**」**と言えば 95％の確率で正解である**ということになる．95％は信頼水準 (confidence level) と呼ばれ，この他の値，例えば 90％や 99％とすることもある．

このように，真の推定値が含まれる区間を確率的に推定することを**区間推定** (interval estimation) と言う．

117

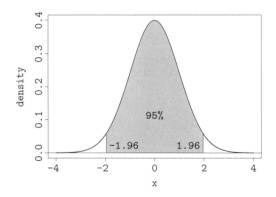

図 13.1：正規分布の密度関数と 95％信頼区間

> **注意!**
>
> 言い方がややこしいが，「母平均 μ が，この区間に収まる確率が 95％である」ということは**できない**．母平均は一般に観測はできないが，定まった数 (定数) であり，確率変数ではない．母平均はこの区間に含まれているかいないかのどちらかである (13.2.2 節のシミュレーションも参照するとよい)．

ただし，ベイズ統計学ではこの言い方は必ずしも間違いではない[*1]．ベイズ統計学は本書では扱わないので，興味のある向きは，専門書をご覧いただきたい．

一般に σ は未知であるから，信頼区間を求めるには，不偏分散の平方根 sd(x) を用いる．すでに述べたように，厳密には不偏分散の平方根 sd(x) は標準偏差そのものの不偏推定量ではないが，誤差は非常に小さいので sd(x) と思って差し支えない．よって母平均の 95％信頼区間は，次の (13.3) のようになる．

$$\overline{x} - 1.96\frac{\text{sd(x)}}{\sqrt{n}} < \mu < \overline{x} + 1.96\frac{\text{sd(x)}}{\sqrt{n}} \tag{13.3}$$

この表記が一般的であるが，(13.3) は，ときに

$$\overline{x} \pm 1.96\frac{\text{sd(x)}}{\sqrt{n}}$$

のように書かれることもある．

ここで登場した 1.96 は正規分布の 97.5％点と呼ばれる．つまり，

$$\int_{-\infty}^{1.96} \frac{1}{\sqrt{2\pi}} e^{-x^2/2} dx = 0.975 \tag{13.4}$$

となる値である．つまり x が 1.96 を上回る確率は $1 - 0.975 = 0.025$，つまり 2.5％である．同じく，-1.96 は正規分布の 2.5％点である．つまり，

$$\int_{-\infty}^{-1.96} \frac{1}{\sqrt{2\pi}} e^{-x^2/2} dx = 0.025 \tag{13.5}$$

となる．(13.4) から (13.5) を引けば，

[*1] ベイズ統計学は，確信の度合いを基礎にしているので，信頼区間に対応する「確信区間」の概念では，この言い方が許される．ベイズ統計学と本書で扱う通常の統計学は立脚する考え方が違うのでこのようなことが起きる．

$$\int_{-1.96}^{1.96} \frac{1}{\sqrt{2\pi}} e^{-x^2/2} dx = 0.95$$

が得られることになる.

97.5%点を R で求めるには次のようにすればよい.

```
> qnorm(0.975)
[1] 1.959964
```

ほぼ 1.96 であることがわかる.

例題として,日本人の 20 歳の男性全体を母集団として 100 人をランダムに選び,その身長の平均が 170.1 cm,標準偏差が 5.8 cm であったとして,このサンプルから 20 歳の日本人男性全体の身長の平均の 95%信頼区間を求めることを考えよう.

R で定義どおり計算してみる (ただし,97.5%点は 1.96 でなく,qnorm(0.975) を使う) と,

```
> n <- 100
> hmean <- 170.1
> hsd <- 5.8
> hmean+qnorm(0.975)*hsd/sqrt(n)
[1] 171.2368
> hmean-qnorm(0.975)*hsd/sqrt(n)
[1] 168.9632
```

となるので,

$$(168.9632, 171.2368)$$

が 95%信頼区間だということになるが,サンプルサイズ n が小さいときは誤差が大きく,計算機の発達した今日では,この信頼区間がこのまま使われることは実際にはあまりない.一般の場合には,次節の t 分布が用いられる.

13.2　小標本に対する t 分布の応用

中心極限定理によれば,サンプルサイズ n が十分大きければ,標本平均の分布は $\mathrm{N}(\mu, \sigma^2/n)$ に従い,前節の大標本の信頼区間を利用してもよい.しかし n が小さいときは,正規分布では誤差が大きくなり実用上問題となる.

この問題を解決するのがウィリアム・シーリー・ゴセット (ステューデントというペンネームで論文を執筆していた.**図 13.2**) による t 分布の理論である.サンプルサイズ n が小さい標本は,しばしば**小標本** (small sample) と呼ばれることがある.

13.2.1　t 分布の定義と特徴

$\overline{X}$ を標本平均とするとき,

$$t = \frac{\overline{X} - \mu}{\sqrt{\frac{U^2}{n}}} = \frac{\overline{X} - \mu}{U/\sqrt{n}}, \quad U^2 = \frac{1}{n-1} \sum_{j=1}^{n} (X_j - \overline{X})^2$$

で定義される t は,自由度 $n-1$ の t 分布に従うことが知られている (後の 13.4 節で証明する).自由度 ν の t 分布の密度関数は,次のようになる[2].

---

[2]　ガンマ関数は一般に整数でなくとも定義できるので,t 分布は,正の実数 ν で定義できる.

図 13.2：ウィリアム・シーリー・ゴセット

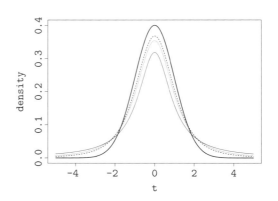

図 13.3：t 分布の密度関数と正規分布 (太線) の密度関数

$$f(t) = \frac{\Gamma((\nu+1)/2)}{\sqrt{\nu\pi}\Gamma(\nu/2)}\left(1+\frac{t^2}{\nu}\right)^{-(\nu+1)/2} \tag{13.6}$$

ここで，$\Gamma(z)$ はガンマ関数である．

t 分布の確率密度関数 $f(t)$ の形状は **図 13.3** のようになる．

細い実線が自由度1の t 分布である．これはコーシー分布に等しい．自由度1の場合だけでなく，一般に t 分布は裾の重いべき分布である (詳細は，第15章で説明する)．実際，

$$f(t) = O(|t|^{-(\nu+1)}), \quad t \to \pm\infty$$

となる．細い点線が自由度2，破線が自由度3の t 分布であり，太い実線が正規分布である．自由度 ν を大きくしていくと t 分布は正規分布に漸近する．簡単に確かめておこう．まず，

$$\left(1+\frac{t^2}{\nu}\right)^{-(\nu+1)/2} = \left(1+\frac{t^2}{\nu}\right)^{-\nu/2}\left(1+\frac{t^2}{\nu}\right)^{-1/2}$$

$$= \left\{\left(1+\frac{t^2}{\nu}\right)^{\frac{\nu}{t^2}}\right\}^{-t^2/2}\left(1+\frac{t^2}{\nu}\right)^{-1/2}$$

$$\to e^{-t^2/2} \quad (\nu \to \infty)$$

であることがすぐにわかる．ここでネイピア数 (自然対数の底) の定義

$$e = \lim_{x\to\infty}\left(1+\frac{1}{x}\right)^x$$

を用いた．問題 13–1 により，

$$\frac{\Gamma((\nu+1)/2)}{\sqrt{\nu\pi}\Gamma(\nu/2)} \to \frac{1}{\sqrt{2\pi}} \quad (\nu \to \infty)$$

となることもわかるので，

$$\frac{\Gamma((\nu+1)/2)}{\sqrt{\nu\pi}\Gamma(\nu/2)}\left(1+\frac{t^2}{\nu}\right)^{-(\nu+1)/2} \to \frac{1}{\sqrt{2\pi}}e^{-t^2/2} \quad (\nu \to \infty)$$

となる．

t が自由度 $n-1$ の t 分布に従うことから，t 分布の 2.5% 点から 97.5% 点までを信頼区間とすることで，精度を高めることができる．R で自由度 $n-1$ の t 分布の 97.5% 点を与える関数は，`qt(0.975,n-1)` である．

例題として，日本人の 20 歳の男性全体を母集団として 5 人をランダムに選び，その身長が 172.1 cm，169.3 cm，180.2 cm，165.8 cm，163.9 cm であったとして，このサンプルから 20 歳の日本人男性全体の身長の平均の 95% 信頼区間を求めることを考える．$n = 5$ にすぎないので大標本扱いはできない．t 分布で計算すると，次のようになる．

```
> height <- c(172.1,169.3,180.2,165.8,163.9)
> n <- length(height)
> mean(height)+qt(0.975,n-1)*sd(height)/sqrt(n)
[1] 178.1972
> mean(height)-qt(0.975,n-1)*sd(height)/sqrt(n)
[1] 162.3228
```

つまり，t 分布を用いて計算した 95% 信頼区間は，

$$(\mathbf{162.3228, 178.1972})$$

となる．この場合，大標本として正規分布を用いて求めた信頼区間

$$(164.6569, 175.8631)$$

を含んでいることに注意しよう．大標本として信頼区間を (無理矢理) 計算するには以下のようにすればよい．

```
> height <- c(172.1,169.3,180.2,165.8,163.9)
> n <- length(height)
> mean(height)+qnorm(0.975)*sd(height)/sqrt(n)
[1] 175.8631
> mean(height)-qnorm(0.975)*sd(height)/sqrt(n)
[1] 164.6569
```

13.2.2 t.test を用いた信頼区間の計算

読者の多くは，R の信頼区間を計算する関数が何なのか知りたいであろう．実は，**R には信頼区間だけを個別に計算する関数はない**．しかし，この場合でいえば，height の平均値と何か別の値との有意差の t 検定を行えば，信頼区間も一緒に出力されるので，それを利用するのが一般的である．検定については第 14 章で述べる．ここでは信頼区間にのみ注目する．

与えられたデータの平均値と何か別の値との有意差の t 検定を行うには，次のように t.test(データオブジェクト名，mu=検定する値) という形式で入力すればよい．ここでは mu=160 が母平均になることを検定しているが，95% 信頼区間を計算するためなのでどんな数字でもよい．t.test(height) のように mu を与えなければ mu=0 として検定される．

```
> t.test(height,mu=160)

One Sample t-test

data:  height
t = 3.5889, df = 4, p-value = 0.02298
alternative hypothesis: true mean is not equal to 160
95 percent confidence interval:
 162.3228 178.1972
```

122 第 13 章 区間推定

```
sample estimates:
mean of height
   170.26
```

ここで，

```
95 percent confidence interval:
 162.3228 178.1972
```

という部分が 95%信頼区間である．先に求めた値と一致していることがわかるだろう．

95%信頼区間がよく利用されるが，例えば，90%信頼区間にしたければ，次のように信頼水準 conf.level を 0.9 にすればよい．

```
> t.test(height,conf.level = 0.9)

One Sample t-test

data:  height
t = 59.557, df = 4, p-value = 4.76e-07
alternative hypothesis: true mean is not equal to 0
90 percent confidence interval:
 164.1655 176.3545
sample estimates:
mean of x
   170.26
```

t.test を利用して，真の平均と 95%信頼区間がどのような関係にあるかをシミュレーションしてみよう．$N(50, 10)$ に従う乱数 20 個を発生させて，この乱数から推定される 95%信頼区間を計算し，真の平均との位置関係を見るのである．例えば，次のようにすれば信頼区間が目に見えるようになる．ここでは，信頼区間の下端が t.test(y)$conf.int[1]，上端が t.test(y)$conf.int[2] となっていることを利用して segments を用いて線分を描いている．

```
n <- 30
plot(c(0,n),c(35,65),type="n",axes=FALSE,xlab="",ylab="")
axis(1)
abline(h=50)
y1 <- y2 <- numeric(n)
for(i in 1:n){
  y <- rnorm(20,50,10)
  y1[i] <- t.test(y)$conf.int[1]
  y2[i] <- t.test(y)$conf.int[2]
  segments(i,y1[i],i,y2[i],lwd=2)
}
```

実行結果の一例を図 13.4 に示す．実行結果は毎回変化する．信頼区間が真の平均を含んだり含まなかったりする様子を観察していただきたい．動くのは信頼区間であって真の平均ではないことに注意しよう．95%信頼区間が真の値を含まない確率は 5%になる (問題 14–7 参照)．これが，95%信頼区間の統計学的な意味である．

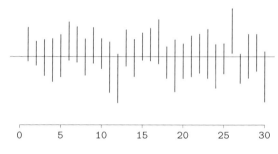

図 13.4：95%信頼区間と真の平均

信頼区間は，いわばデータから得られた真の平均に対する知識の精度を表したものだ．データが追加されるごとに信頼区間はゆらぎながらじわじわと狭まっていく．この様子も図を描いて確認してみよう．サンプルデータ sampledata.xlsx の blood pressure タブには，筆者 (神永) の 50 日間にわたる最高血圧と最低血圧のデータが記録されている．毎日ほぼ同時刻に安静にした状態で計測されたものである[*3]．R スクリプトは，図 13.4 を描くスクリプトをわずかに修正すればよい．最初に最高血圧のデータ systolic blood pressure の 50 日分のデータ (B 列 3 行から B 列 52 行まで) をクリップボードにコピーし，`high <- scan("clipboard")` とした上で以下のスクリプトを実行すると**図 13.5** が得られる．

```
n <- 50
plot(c(0,n),c(90,140),type="n",xlab="day",ylab="systolic blood pressure")
y1 <- y2 <- numeric(n)
for(i in 3:n){
  y1[i] <- t.test(high[1:i])$conf.int[1]
  y2[i] <- t.test(high[1:i])$conf.int[2]
  segments(i,y1[i],i,y2[i],lwd=2)
}
```

日に日に信頼区間が更新されていく様子がわかると思う．もちろん，無限回測定することはできないので，筆者の真の最高血圧の平均値はわからないが，50 日目までのデータで計算された 95%信頼区間はかなり狭まっており，ほぼ 111 ± 2 程度であることがわかる．

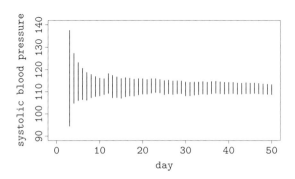

図 13.5：筆者の最高血圧の 95%信頼区間

[*3] 実は筆者 (神永) が入院していた間に測定したデータである．

124　第13章　区間推定

13.3　正規分布と t 分布のずれ

　古典的な統計学教育では，サンプルサイズ n が 25 以下の標本[*4]を小標本とし，これよりサンプルサイズの大きなものを大標本として区別し，小標本のときは，正規分布ではなく，t 分布を用いるとすることが多かった (筆者はそのように教わったし，そのような記述がなされている教科書も存在する)．しかし，すでに述べたように理論的には t 分布は極限として正規分布を含むので，**信頼区間を求める際は全て t 分布で考えればよい**．統計ソフトウェアが一般化するまでは数表を使っていたため，このような便宜的な区別をしたのであって，数表が統計ソフトウェアの内部にある (計算される) 現状ではあまり意味のない区別と思われる．

　また，サンプルサイズ n が 26 以上であっても誤差が小さいといえるかどうか，実際のところ微妙である．これを確認してみよう．t 分布の自由度を 1 から 30 まで変えて，その 97.5％点を見てみる．R では次のようにすればよい．

```
> qt(0.975,1:30)
 [1] 12.706205  4.302653  3.182446  2.776445  2.570582  2.446912
 [7]  2.364624  2.306004  2.262157  2.228139  2.200985  2.178813
[13]  2.160369  2.144787  2.131450  2.119905  2.109816  2.100922
[19]  2.093024  2.085963  2.079614  2.073873  2.068658  2.063899
[25]  2.059539  2.055529  2.051831  2.048407  2.045230  2.042272
```

　これらは，正規分布の 97.5％点 (約 1.96) と比べて明らかに大きい．大標本に分類される $n=31$ (自由度 30) の場合ですら 2.042272 であり，正規分布と比べて 0.08 以上大きいことになる．

　サンプルサイズがいくらくらいなら大標本といえるのであろうか．R で自由度を大きくして 97.5％点を計算してみると次のようになる．

```
> qt(0.975,99) # n=100 の場合
[1] 1.984217
> qt(0.975,999) # n=1000 の場合
[1] 1.962341
```

　サンプルサイズ 100 では 1.984217 であり，まだ大きめである．サンプルサイズ 1000 でようやく 1.962341 である．この場合でも，t 分布を用いた 95％信頼区間と正規分布を用いた 95％信頼区間は，

$$\overline{x} \pm 1.962341\frac{\mathsf{sd(x)}}{\sqrt{n}}, \quad \overline{x} \pm 1.959964\frac{\mathsf{sd(x)}}{\sqrt{n}}$$

であるから，その端点の差は，

$$(1.962341 - 1.959964)\frac{\mathsf{sd(x)}}{\sqrt{n}} = 0.002377\frac{\mathsf{sd(x)}}{\sqrt{n}}$$

となる．標準偏差 $\mathsf{sd(x)}$ が大きいときは誤差が大きく出る．標準偏差が 10 倍になれば信頼区間も 10 倍の幅に広がり，端点の差 (信頼区間の誤差) も 10 倍になってしまう．つまり，**信頼区間の幅は標準偏差にも依存するのであり，サンプルサイズだけでは決まらないのである**．

　t 分布の 0.975％点と正規分布の 0.975％点をグラフにしてみよう．横軸を t 分布の自由度，縦軸を 0.975％点とする．正規分布の 0.975％点は水平線で表される．見やすさを優先し，自由度は 10

[*4]　厳密な定義はなく，$n \leq 30$ を小標本としているものもある．

から 200 とした．

```
> degf <- 10:200
> qtf <- qt(0.975,degf)
> plot(degf,qtf,type="l",ylim=c(1.9,2.25))
> abline(h=qnorm(0.975),lwd=2)
```

実行すると，**図 13.6** が得られる．常に正規分布のパーセント点の方が t 分布のパーセント点よりも小さいことが視覚的に把握できるであろう．

したがって，**正規分布では信頼区間を実際よりも狭く見積もってしまう**．これは「甘い」見積もりである．

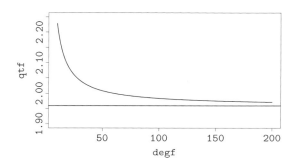

図 13.6：qt(0.975,degf) と qnorm(0.975)

正規分布を用いた信頼区間は，統計ソフトウェアが使えない環境でやむなく利用するものなのである．

13.4　t 分布が出てくる理由

最初に目的をあらためて確認しておこう．目的は，正規母集団 $\mathrm{N}(\mu,\sigma^2)$ からランダムにサンプリングされたデータ $X_1, X_2, \ldots, X_n$ に対し，その標本平均

$$\overline{X} = \frac{1}{n}\sum_{j=1}^{n} X_j$$

と不偏分散

$$U^2 = \frac{1}{n-1}\sum_{j=1}^{n}(X_j - \overline{X})^2$$

を使って，

$$t = \frac{\overline{X} - \mu}{\sqrt{U^2/n}}$$

を作ったとき，この分布がどうなるかを知ることである．この分布がわかれば区間推定ができる．t は，次のように書き直すことができる．

$$t = \frac{\overline{X} - \mu}{\sigma/\sqrt{n}} \bigg/ \sqrt{\frac{n-1}{\sigma^2}U^2/(n-1)} \tag{13.7}$$

(13.7) の分子は $\mathrm{N}(0,1)$ に従う．最初に問題となるのは，(13.7) の分母にある

126　第 13 章　区間推定

$$\frac{n-1}{\sigma^2}U^2$$

がどのような分布に従うかを調べることと分母と分子の独立性である．次の定理が成り立つ．

定理 18.　$X_1, X_2, \ldots, X_n$ が各々 $\mathrm{N}(\mu, \sigma^2)$ に従う独立な確率変数であるとする．このとき，$\overline{X}$ と U^2 は独立で，

$$\frac{n-1}{\sigma^2}U^2 = \sum_{j=1}^{n}\left(\frac{X_j - \overline{X}}{\sigma}\right)^2$$

は自由度 $n-1$ のカイ二乗分布に従う．

証明.　次の行列 Q を考える．

$$Q = \begin{pmatrix} \frac{1}{\sqrt{n}} & \frac{1}{\sqrt{n}} & \frac{1}{\sqrt{n}} & \cdots & \frac{1}{\sqrt{n}} \\ \frac{1}{\sqrt{1\cdot 2}} & -\frac{1}{\sqrt{1\cdot 2}} & 0 & \cdots & 0 \\ \frac{1}{\sqrt{2\cdot 3}} & \frac{1}{\sqrt{2\cdot 3}} & -\frac{2}{\sqrt{2\cdot 3}} & 0 & 0 \\ \vdots & & & & \\ \frac{1}{\sqrt{(n-1)n}} & \frac{1}{\sqrt{(n-1)n}} & \frac{1}{\sqrt{(n-1)n}} & \cdots & -\frac{n-1}{\sqrt{(n-1)n}} \end{pmatrix}$$

Q は直交行列[*5]である (行ベクトルの直交性は見やすいであろう)．Q は 1 行目が上記の行列の 1 行目と同じ直交行列であれば，この形である必要はないが，具体的に与えた方がわかりやすいであろう．$\mathbf{X} = (X_1, X_2, \ldots, X_n)^T$ の結合分布は，$\mathrm{N}(\boldsymbol{\mu}, \sigma^2 I_n)$ である (多変量正規分布の定義は第 7 章にある)．ここで $\boldsymbol{\mu}$ は，全ての成分が μ であるような n 次元ベクトル，I_n は n 次の単位行列である．線形変換 $\mathbf{Y} = (Y_1, Y_2, \ldots, Y_n)^T = Q\mathbf{X}$ を考える．Q の第 1 行を見ると，

$$Y_1 = \frac{1}{\sqrt{n}}\sum_{j=1}^{n}X_j = \sqrt{n}\cdot\overline{X} \tag{13.8}$$

が成り立つことがわかる．Q は直交行列であるから等長変換である．よって，ベクトル $\mathbf{X}$, $\mathbf{Y}$ の長さは等しい．つまり，

$$\sum_{j=1}^{n}Y_j^2 = \sum_{j=1}^{n}X_j^2 \tag{13.9}$$

(13.9) と (13.8) より，

$$\sum_{j=2}^{n}Y_j^2 = \sum_{j=1}^{n}X_j^2 - n\overline{X}^2 = \sum_{j=1}^{n}(X_j - \overline{X})^2 = (n-1)U^2 \tag{13.10}$$

$$\begin{aligned} \because \quad \sum_{j=1}^{n}(X_j - \overline{X})^2 &= \sum_{j=1}^{n}(X_j^2 - 2X_j\overline{X} + \overline{X}^2) \\ &= \sum_{j=1}^{n}X_j^2 - 2\overline{X}\sum_{j=1}^{n}X_j + n\overline{X}^2 \\ &= \sum_{j=1}^{n}X_j^2 - 2\overline{X}\cdot n\overline{X} + n\overline{X}^2 = \sum_{j=1}^{n}X_j^2 - n\overline{X}^2 \end{aligned}$$

[*5]　行列 Q が直交行列であるとは，$Q^T Q = QQ^T = I$ となる正方行列のことである．この条件は，Q の行ベクトル (列ベクトル) の長さが 1 で，互いに直交することと同値である．$\|Q\boldsymbol{u}\|^2 = (Q\boldsymbol{u}, Q\boldsymbol{u}) = (\boldsymbol{u}, Q^T Q\boldsymbol{u}) = (\boldsymbol{u}, \boldsymbol{u}) = \|\boldsymbol{u}\|^2$ が成り立つので，直交行列による線形変換ではベクトルの長さは変わらない (等長性)．

$(Y_1, Y_2, \ldots, Y_n)$ は，7.6 節，定理 9 より，$\mathrm{N}(Q\boldsymbol{\mu}, Q(\sigma^2 I_n)Q^T) = \mathrm{N}(Q\boldsymbol{\mu}, \sigma^2 I_n)$ $(\because QQ^T = I_n)$ に従う．分散共分散行列の非対角成分は 0 なので，$Y_1, Y_2, \ldots, Y_n$ は独立になる．$\overline{X} = Y_1/\sqrt{n}$ であるから Y_1 のみの関数である．また (13.10) より，$(n-1)U^2$ は $Y_2, Y_3, \ldots, Y_n$ のみの関数であるから，$\overline{X}$ と $(n-1)U^2$ は独立である．

$i = 2, 3, \ldots, n$ に対して，$\mathbf{Y} = Q\mathbf{X}$ より

$$Y_i = (Q\mathbf{X})_i$$
$$= \sum_{j=1}^{n} Q_{ij}X_j$$

であるから，Y_i の期待値は，

$$E(Y_i) = E\left(\sum_{j=1}^{n} Q_{ij}X_j\right)$$
$$= \sum_{j=1}^{n} Q_{ij}E(X_j)$$
$$= \sum_{j=1}^{n} Q_{ij}\mu$$

を考える．Q は直交行列であるから，第 1 行と第 i 行は直交するので，$\sum_{j=1}^{n} Q_{ij} = 0$ である．よって，$E(Y_i) = 0$ である．したがって，$Y_2, Y_3, \ldots, Y_n$ は独立で $\mathrm{N}(0, \sigma^2)$ に従う．よって，8.6 節，定理 11 より，

$$\sum_{j=1}^{n} \left(\frac{Y_j}{\sigma}\right)^2 = \frac{(n-1)U^2}{\sigma^2}$$

は自由度 $n-1$ のカイ二乗分布に従う． □

定理 19. X は標準正規分布 $\mathrm{N}(0,1)$，Y は自由度 n のカイ二乗分布に従い，かつ独立な確率変数とする．このとき，

$$t = \frac{X}{\sqrt{\frac{Y}{n}}}$$

は，自由度 n の t 分布に従う．

証明. X, Y の結合確率密度関数は，

$$f(x,y) = \frac{e^{-x^2/2}}{\sqrt{2\pi}} \frac{y^{n/2-1}}{2^{n/2}\Gamma(n/2)} e^{-y/2}$$

となる．ここで，次の変数変換 $(x,y) \mapsto (t,s)$ を考える．

$$t = \frac{x}{\sqrt{\frac{y}{n}}} = \sqrt{\frac{n}{y}}x$$
$$s = y$$

この変換は 1 対 1 であり，ヤコビアンは，

$$\frac{\partial(x,y)}{\partial(t,s)} = \begin{vmatrix} \sqrt{\frac{s}{n}} & \frac{t}{2\sqrt{ns}} \\ 0 & 1 \end{vmatrix} = \sqrt{\frac{s}{n}}$$

128　第 13 章　区間推定

となる．したがって，(t, s) の結合確率密度関数 $g(t, s)$ は，

$$g(t, s) = f\left(\sqrt{\frac{s}{n}} t, s\right) \sqrt{\frac{s}{n}}$$

$$= \frac{e^{-\frac{t^2}{2}\frac{s}{n}}}{\sqrt{2\pi}} \frac{s^{n/2-1}}{2^{n/2}\Gamma(n/2)} e^{-s/2} \sqrt{\frac{s}{n}}$$

$$= \frac{s^{(n-1)/2} e^{-\frac{1}{2}\left(1+\frac{t^2}{n}\right)s}}{\sqrt{2\pi} 2^{n/2}\Gamma(n/2)\sqrt{n}}$$

となるから，t の確率密度関数は，

$$g(t) = \int_0^\infty g(t, s)ds = \int_0^\infty \frac{s^{(n-1)/2} e^{-\frac{1}{2}\left(1+\frac{t^2}{n}\right)s}}{\sqrt{2\pi} 2^{n/2}\Gamma(n/2)\sqrt{n}} ds$$

で表されることになる．この積分を実行するために，

$$u = \frac{1}{2}\left(1 + \frac{t^2}{n}\right)s$$

とおくと，以下のように計算できる．

$$\int_0^\infty s^{(n-1)/2} e^{-\frac{1}{2}\left(1+\frac{t^2}{n}\right)s} ds$$

$$= \int_0^\infty \left(2\left(1+\frac{t^2}{n}\right)^{-1} u\right)^{\frac{n-1}{2}} e^{-u} \cdot 2\left(1+\frac{t^2}{n}\right)^{-1} du$$

$$= 2^{(n+1)/2}\left(1 + \frac{t^2}{n}\right)^{-(n+1)/2} \int_0^\infty u^{(n-1)/2} e^{-u} du$$

$$= 2^{(n+1)/2}\left(1 + \frac{t^2}{n}\right)^{-(n+1)/2} \Gamma\left(\frac{n+1}{2}\right)$$

よって，求める $g(t)$ は，

$$g(t) = \frac{2^{(n+1)/2}\left(1 + \frac{t^2}{n}\right)^{-(n+1)/2} \Gamma((n+1)/2)}{\sqrt{2\pi} 2^{n/2}\Gamma(n/2)\sqrt{n}}$$

$$= \frac{\Gamma((n+1)/2)}{\sqrt{n\pi}\Gamma(n/2)}\left(1 + \frac{t^2}{n}\right)^{-(n+1)/2}$$

となる．これは自由度 n の t 分布に他ならない．　　　　□

系 20.

$$t = \frac{\overline{X} - \mu}{\sqrt{U^2/n}}$$

は，自由度 $n-1$ の t 分布に従う．

証明. 最初に (13.7) で見たとおり, t は,

$$t = \frac{\overline{X} - \mu}{\sigma/\sqrt{n}} \Big/ \sqrt{\frac{n-1}{\sigma^2} U^2 / (n-1)}$$

と書き直すことができる. 定理 18 および定理 19 より, t が自由度 $n-1$ の t 分布に従うことがわかる. $\square$

13.5 章末問題

(R) マークは R を使って解答する問題, **(数)** マークは数学的な問題である.

問題 13–1 **(数)** スターリングの公式

$$\Gamma(x+1) \sim \sqrt{2\pi} x^{x+1/2} e^{-x} \quad (x \to \infty)$$

を用いて次の極限公式を示せ.

$$\frac{\Gamma((\nu+1)/2)}{\sqrt{\nu\pi}\Gamma(\nu/2)} \to \frac{1}{\sqrt{2\pi}} \quad (\nu \to \infty)$$

ただし, $f(x) \sim g(x) \ (x \to \infty)$ とは,

$$\lim_{x \to \infty} \frac{f(x)}{g(x)} = 1$$

を意味する.

問題 13–2 **(数)** t 分布 (13.6) の確率密度関数の変曲点を与える t の値を求めよ.

問題 13–3 **(数)** 自由度 $\nu \ (> 2)$ の t 分布 (13.6) の分散を求めよ (**Hint**：以下のベータ関数を利用せよ).

$$B(\alpha, \beta) = \int_0^1 x^{\alpha-1}(1-x)^{\beta-1} dx = \frac{\Gamma(\alpha)\Gamma(\beta)}{\Gamma(\alpha+\beta)}$$

問題 13–4 **(数)** t 分布 (13.6) は積率母関数を持たない (原点を除いて発散する) ことを示せ.

問題 13–5 **(R)** サンプルデータの bloodpressure タブにおける最低血圧のデータ diastolic blood pressure を用いて, 図 13.5 のような図を描け.

第 14 章

統計的仮説検定

統計的仮説検定 (statistical hypothesis testing) とは，母集団について仮定された命題を標本に基いて検証するものである．以下，統計的仮説検定を略して検定と呼ぶことにする．多くの具体例を知ることで，検定の基本的な考え方が身につくことを期待している．

14.1 区間推定と母平均の t 検定

第 13 章で区間推定を説明し，その際に t **検定**がちらっと顔を出したと思う．ここで，その基本原理を説明しておこう．母平均の t 検定は最も基本的な検定技術である．

ある飲料 100 ml に含まれる糖分の量を測定する．母集団から無作為にサイズ 5 のサンプルを抽出して，糖分の量を測定したところ以下の結果を得た (単位はグラム)．

$$10.2,\ 10.0,\ 9.9,\ 9.8,\ 10.1$$

例えば，この飲料を生産する業者が，糖分の量が 100 ml あたり平均 $\mu = 10.5\,\mathrm{g}$ になるように調整しているものとしよう．当然ながら飲料は完全に均質ではなく，糖分の量も誤差を伴う．統計学においては，「糖分の母平均が 100 ml あたり 10.5 g」という仮説のもとで，得られたサンプルが誤差の範囲内なのか，それ以上の何か意味があるものかが問題となる．誤差の範囲を超えている場合，仮説からのずれは**有意** (significant) であると言う．このときは，もとの仮説「100 ml あたり 10.5 g」は**棄却** (reject) される．統計的仮説検定とは，**有意性の検定** (test of significance) を意味するのである．有意性はサンプルが有意なずれを生ずる確率として表現される．

このサンプルをもとに，**帰無仮説** (null hypothesis) $H_0 : \mu = 10.5$ を検定する．**対立仮説** (alternative hypothesis) は $H_1 : \mu \neq 10.5$ である．帰無仮説の「帰無」は，その仮説が無に帰することを想定しているところから来る用語である．実際，検定では帰無仮説は棄却したいことが多い．例えば，新薬を開発している製薬会社は，新薬を使った場合とそれまでの薬を使った場合とで有意な差が出ることを期待しているであろう．その際，両者に差がない (差がゼロである) という仮説が帰無仮説であり，差がある (差がゼロでない) というのが対立仮説になる．もっとも，これは多くの場合そのように扱われるということである．誤解されがちだが，「帰無」と言う用語自体に特に否定的な意味はないことに注意してほしい．

先にも触れたが，R では，t.test という関数を使う．ここでは，上記のデータを sugar というオブジェクトとし，帰無仮説を mu=10.5 とする．結果は以下のようになる．

```
> sugar <- c(10.2, 10.0, 9.9, 9.8, 10.1)
> t.test(sugar,mu=10.5)

One Sample t-test

data:  sugar
t = -7.0711, df = 4, p-value = 0.002111
alternative hypothesis: true mean is not equal to 10.5
```

```
95 percent confidence interval:
 9.803676 10.196324
sample estimates:
mean of x
      10
```

最初に $t = -7.0711$ とある．これが t 値である．df は自由度 (degree of freedom) と呼ばれるもので，ここでは 4 ($=$ サンプルサイズ $-1 = 5 - 1$) である．次にある p-value $= 0.002111$ は，P 値（ぴーち）(p value) であり，帰無仮説のもとで検定統計量（ここでは t 値）がその値となる確率を示している．この確率は 0.2% 程度であり，とても小さいことがわかる．その 2 行下に 95 percent confidence interval とあり，その下に書かれている

$$(9.803676, 10.196324)$$

が，(t 分布に基づいた) 95% 信頼区間である．つまり，母平均が，9.803676 と 10.196324 の間にあるといえば 95% の確率で正解である．第 13 章で説明したとおり，95% を信頼水準と言う．検定では $100\% - 95\% = 5\%$ を**有意水準** (significance level) と言う．10.5 はこの区間に含まれていない．つまり，有意水準 5% で帰無仮説は棄却される．母平均が 10.5 であるとするには無理がある．t 検定において本質的なのは P 値というよりは信頼区間であることに注意しよう．

ここで，この場合母分散 σ^2 も未知であるので，母分散を標本分散で置き換えたものを t 統計量として t 検定していることに注意しよう．多くの統計学の教科書では慣習的に母分散が既知の場合と未知の場合を区別しているが，母分散が既知で母平均が未知という状況は不自然だと思われる．

信頼区間の中にある値，例えば $\mu = 10.1$ を帰無仮説 H_0 として t 検定すると，次のような結果が得られる．

```
> t.test(sugar,mu=10.1)

One Sample t-test

data:  sugar
t = -1.4142, df = 4, p-value = 0.2302
alternative hypothesis: true mean is not equal to 10.1
95 percent confidence interval:
 9.803676 10.196324
sample estimates:
mean of x
      10
```

ここで P 値を見ると，p-value $= 0.2302$ とある．0.05 よりも大きいので帰無仮説は有意水準 5% で棄却できない．つまり，t 検定の立場では $\mu = 10.1$ と仮定してもおかしいということはできないことになる．もっとも，**帰無仮説 H_0 が棄却されなかったからといって，H_0 が積極的に支持されるわけではない**．この場合は H_0 と矛盾しないというだけである．このような場合は $\mu = 10.1$ **でないとは言えない**という統計学独特の表現をすることがある．

例えば，$H_0 : \mu = 10.0$ として t.test してみると，

132　第 14 章　統計的仮説検定

```
> t.test(sugar,mu=10.0)

One Sample t-test

data:  sugar
t = 0, df = 4, p-value = 1
alternative hypothesis: true mean is not equal to 10
95 percent confidence interval:
 9.803676 10.196324
sample estimates:
mean of x
      10
```

となり，やはり帰無仮説 H_0 は棄却されない．$\mu = 10.1$ としても $\mu = 10.0$ としてもおかしくないというにすぎない．t 検定では，t 値が信頼区間に収まっているかどうかが問題なので，今の例では，区間 $(9.803676, 10.196324)$ 内の数字ならどんな数字でも帰無仮説は棄却されない．この統計学特有のロジックはわかりにくく，しばしば誤解を生む原因となる．

14.2　検定の帰結

数学の命題とは異なり，検定は確率的な判断であるから間違うこともある．この状況をまとめたのが**表 14.1** である．

表 14.1：検定による判断の誤り

	H_0 を棄却しない	H_0 を棄却
H_0 が正しい	正しい判断	**第一種の過誤**
H_1 が正しい	**第二種の過誤**	正しい判断

帰無仮説 H_0 が正しいにもかかわらず，これが棄却されてしまう誤りを**第一種の過誤** (Type I error) と言う．第一種の過誤を犯す確率 (α で表すことがある) が有意水準である．一方，対立仮説 H_1 が正しいにもかかわらず，帰無仮説 H_0 が棄却されない誤りを**第二種の過誤** (Type II error) と言う．第二種の過誤を犯す確率を β で表し，第二種の過誤を犯さない確率 $(1 - \beta)$ を**検出力** (statistical power) と言う[*1]．

例えば，ある種の伝染病に感染しているかどうかを医学的な検査で判断したいとする．検査の結果，陽性と判断されたが実際にはその病気に感染していないという誤りは，帰無仮説 H_0「感染していない」が正しいにもかかわらず陽性と判断したので第一種の過誤である．これは医学用語で**偽陽性** (false positive) と呼ばれる．逆に，病気に感染している (H_1 が正しい) にもかかわらず検査をすり抜け陰性と判断される誤りが第二種の過誤にあたる．これを**偽陰性** (false negative) と呼ぶ．この検査の例でいえば，検出力を大きくすることは，感染を見逃さない (見逃す確率を下げる) ということである．有意水準と検出力の間にはトレードオフ (あちらを立てればこちらが立たず) の関係があり，有意水準を例えば 0.95 に固定したときに検出力をいくらでも高くすることはできない．多くの場合，検出力としては 0.8 が要求されることが多い．実験を行う場合，この問題は非常に重要であるが，ここでは立ち入らない．

[*1] α と β には直接的関係はないが，検定論では，あらかじめ指定した有意水準 α に対し，β をできるだけ小さく (つまり検出力を大きく) するように検定法を設計するのが一般的である (ネイマン・ピアソンの基準)．

14.3 両側検定・片側検定

14.1 節で学んだ t 検定は，t 値で見た場合，サンプルサイズを n とすると，

$$|t| > \text{qt}(0.975, n-1)$$

のとき，帰無仮説 H_0 を棄却していた．この t の領域を**棄却域** (rejection region) と言い，棄却しない領域を**採択域** (acceptance region) と言う．この検定は，図 14.1 のように両側に棄却域を設けているので**両側検定** (two-sided test) と呼ばれる．

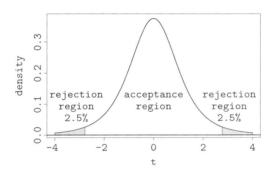

図 14.1：t 検定における棄却域と採択域

一方，帰無仮説はそのままにして，対立仮説を $H_1': \mu < 10.5$ あるいは $H_1'': \mu > 10.5$ とすることも考えられる．これらは**片側対立仮説** (one-sided alternative hypothesis) と呼ばれる．片側対立仮説 H_1', H_1'' に対しては，それぞれ $t > \text{qt}(0.95, n-1)$ (図 14.2)，$t < -\text{qt}(0.95, n-1)$ (図 14.3) のように棄却域が定められる．

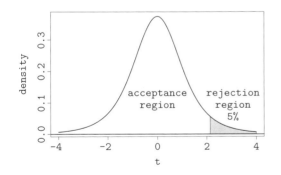

図 14.2：右片側検定　　　　　　　　**図 14.3**：左片側検定

R で片側検定するには，次のようにすればよい．
対立仮説を $H_1': \mu < 10.5$ とするときは，

```
> t.test(sugar, mu=10.5, alternative="less")

One Sample t-test

data:  sugar
```

134　第 14 章　統計的仮説検定

```
t = -7.0711, df = 4, p-value = 0.001055
alternative hypothesis: true mean is less than 10.5
95 percent confidence interval:
      -Inf 10.15074
sample estimates:
mean of x
       10
```

のように，`alternative="less"`を指定する．ここで，Inf は無限大 ($\infty=$ Infinity) を意味するので，95%信頼区間は $(-\infty, 10.15074)$ である．10.5 が信頼区間 (採択域) に含まれていないから帰無仮説 H_0 は棄却され，$H_1' : \mu < 10.5$ が採択される．P 値 0.001055 は片側 P 値である．

　一方，対立仮説を $H_1'' : \mu > 10.5$ とするときは，`alternative="greater"`を指定する．実行すると次の結果が得られる．

```
> t.test(sugar, mu=10.5, alternative="greater")

One Sample t-test

data:  sugar
t = -7.0711, df = 4, p-value = 0.9989
alternative hypothesis: true mean is greater than 10.5
95 percent confidence interval:
 9.849256        Inf
sample estimates:
mean of x
       10
```

　この場合は，95%信頼区間は $(9.849256, \infty)$ となり，10.5 が含まれているので，帰無仮説 H_0 は棄却されない．

　両側検定のときは，`alternative="two.sided"`としていることに対応するが，デフォルトで両側検定になっているので指定の必要はない．

　t 検定の本質は信頼区間にあり，仮説を棄却するかどうかというのは信頼区間から外れているか否かを言い換えているにすぎない[2]ことに注意しよう．

14.4　対標本の平均値の比較

　ここでは，「対標本の平均値の比較」という問題を考える．**対標本** (paired sample) とは，対応のある 2 標本のことである．

　例をあげよう．筆者 (神永) は学生時代，友人 5 人で (正確には 6 人だが 1 名は実験をする側) 次のような実験を行ったことがある．20 枚の絵を 1 分間見せて，その後，そこに何が書かれていたかを想起する．ビールの中ジョッキを 3 杯飲んだ後に同様の想起実験を行い，**表 14.2** の結果を得た[3]．ここで書かれている数字は想起できた絵の枚数である．

---

[2]　t 検定に限らず多くの統計的仮説検定でいえることである．

[3]　実際には飲酒前のテストと飲酒後のテストまでの間には 1 時間程度の時間差があり，その間にたくさん食べているので，単に疲れが出ただけの可能性もある．両テストで使われた絵は別の絵であり，その差が出た可能性も否定できない．

表 14.2：飲酒前と飲酒後の想起能力テスト結果

	被験者 A	被験者 B	被験者 C	被験者 D	被験者 E
飲酒前	18	12	16	15	20
飲酒後	15	13	14	11	17

このとき，飲酒によって想起能力が下がったといえるかどうかが知りたい．この場合，同一人物に対して飲酒前と飲酒後の結果が得られている．両者には 1 対 1 の対応関係がある．このような場合，t.test に，paired=TRUE を与えればよい．これは対標本の「差」に対して一標本の t 検定を行うことになる．つまり，飲酒前と飲酒後の差

```
> before <- c(18,12,16,15,20)
> after <- c(15,13,14,11,17)
> before-after
[1]  3 -1  2  4  3
```

をサイズ 5 のサンプルと見て平均値が 0 といえるかどうかを t 検定するのである (問題 14–6 参照)．

知りたいことは，想起能力が「飲酒前 > 飲酒後」となったといえるかどうかであるから，alternative="greater" として片側検定を行うべきであろう．結果は次のようになる．

```
> t.test(before, after, paired=TRUE, alternative="greater")

        Paired t-test

data:  before and after
t = 2.5574, df = 4, p-value = 0.0314
alternative hypothesis: true difference in means is greater than 0
95 percent confidence interval:
 0.3661161       Inf
sample estimates:
mean of the differences
                    2.2
```

この場合，片側 P 値は 0.0314 であり，5% よりも小さいので，飲酒後の想起能力は有意に飲酒前よりも悪化していると考えられる．

14.4.1 補足

統計の検定試験などでは，次のような形式で問題が出されることがある．この種の問題に対する対応について述べておこう．

問題例

ウェブで 121 人の 30 代有職男性に年収を尋ね，後に実際の年収を確認した．実際の年収との差の平均は 20.3 万円であり，差の標準偏差は 35.2 万円であった．このとき，自分で認識している年収と実際の年収に差があるといえるか (架空例)．

考え方はこれまでと全く同じであるが，t.test を直接使うわけにはいかず，計算原理に立ち返る必要がある．標準的な解答は以下のようになるだろう．

136　第 14 章　統計的仮説検定

(解答例) 帰無仮説 H_0:「自分で認識している年収と実際の年収に差はない」，対立仮説 H_1:「自分で認識している年収と実際の年収に差がある」である．サンプルサイズを n，差 d の平均を $\overline{d}$，標本標準偏差を s とすると t 統計量は，

$$t = \frac{\overline{d}}{s/\sqrt{n}} = \frac{20.3}{35.2/\sqrt{121}} = \frac{11 \times 20.3}{35.2} = 6.34375$$

となる．自由度 $df = n-1 = 120$ の t 分布の 97.5% 点は (筆記試験では t 分布表を引くのであるが)，

```
> qt(0.975,120)
[1] 1.97993
```

となり，$|t| = 6.34375 > 1.97993$ であることから帰無仮説 H_0 は棄却される．つまり，自分で認識している年収と実際の年収に差がないとはいえない．

14.5　対応のない 2 標本の母平均の差の検定

　正規分布に従う 2 つの対応関係のない母集団 $N(\mu_1, \sigma_1^2)$，$N(\mu_2, \sigma_2^2)$ のそれぞれから，それぞれサイズ m, n のサンプル $X_1, X_2, \ldots, X_m$, $Y_1, Y_2, \ldots, Y_n$ を抽出したとする．伝統的には，母分散が等しいことがわかっている場合，$\sigma_1^2 = \sigma_2^2$ と不明な場合を分けて議論することが多かった．この場合，まず母分散が等しいかどうかを検定し (等分散の検定)，等しいと仮定できるかどうかを調べてからそれぞれに対応する平均値の差の検定を行うという，二段階の手続きが必要になる[*4]．筆者もそのように習ったのであるが，近年，このように検定を二段階に分けると問題が生ずる場合があることが広く認識されるようになった[*5]．問題となるのは，等分散性の検定を行ったとき，帰無仮説 (等分散である) が棄却されなかった場合である．この場合，等分散であることが支持されたわけではなく，等分散であるかどうかわからないという情報が得られたにすぎない．

　そこで**本書では，等分散であるかどうかで場合分けせず，はじめから等分散性を仮定しないウェルチ (Welch) の検定を利用することを推奨する**．

　ウェルチの t 検定では，帰無仮説は $H_0 : \mu_1 = \mu_2$ であり，H_0 が正しいという仮定のもとで，

$$t = \frac{\overline{X} - \overline{Y}}{\sqrt{\frac{s_1^2}{m} + \frac{s_2^2}{n}}}$$

が，近似的に自由度が

$$\nu = \frac{(s_1^2/m + s_2^2/n)^2}{\frac{(s_1^2/m)^2}{m-1} + \frac{(s_2^2/n)^2}{n-1}}$$

の t 分布に従うことを利用して検定を行う．t 分布の確率密度の式 (13.6) を見ればわかるように，

[*4]　この問題はいささかややこしい問題であり，今でも，先に述べたような「まず母分散が等しいかどうかを検定し (等分散の検定)，等しいと仮定できるかどうかを調べてからそれぞれに対応する平均値の差の検定を行う」という二段階の手続きを求められることがあるかもしれない．等分散性が必ずしも仮定できない分布での平均値の差の検定を行う，というのは一見すると不可能な気がするが，これに関するうまい近似を考えたのがウェルチの功績である．この問題は，ベーレンス・フィッシャー問題 (Behrens–Fisher problem) と呼ばれる数理統計学の歴史上重要な問題である．

[*5]　筆者はつい最近まで伝統的な説明を疑っていなかった．認識を新たにしたのは，青木繁伸氏，奥村晴彦氏のブログを読んでからである．お二人はこの問題を詳細に分析した結果をウェブに公開しているので参照されたい．

14.6 効果量について　137

t 分布の自由度は正の実数の値をとることができることに注意しよう[*6].

　例をあげよう．ある学習塾で中学生の男子 6 人と女子 5 人に対して英語の試験を行ったところ，次の結果が得られた (架空例)．

$$男子：79, 56, 91, 60, 51, 82, \quad 女子：97, 66, 83, 75, 53$$

　両者の平均を見てみよう．

```
> men <- c(79, 56, 91, 60, 51, 82)
> women <- c(97, 66, 83, 75, 53)
> mean(men)
[1] 69.83333
> mean(women)
[1] 74.8
```

であるから，女子の方が平均点が約 5 点高い．これが有意な差かそうでないかを検定したい．R では次のようにすればよい．

```
> t.test(men,women)

	Welch Two Sample t-test

data:  men and women
t = -0.4973, df = 8.554, p-value = 0.6315
alternative hypothesis: true difference in means is not equal to 0
95 percent confidence interval:
 -27.73893  17.80560
sample estimates:
mean of x mean of y
 69.83333  74.80000
```

ここで，P 値は 0.6315 と大きい[*7]ので，帰無仮説 $H_0 : \mu_1 = \mu_2$ は棄却できない．この程度の違いは偶然でも十分に起こりうると考えられる．有意にならない原因の 1 つは，サンプルサイズが小さいことである．男女各々この 10 倍の人数で平均点が 5 点違えば有意になる可能性が高い．

14.6　効果量について

　t 検定では P 値にばかり関心が向きがちだが，一般に平均値の差がとても小さい場合でも，サンプルサイズが十分大きければ差は有意になる．どの程度の違いがあるかは**効果量** (effect size) で測定される．近年は，実験結果を整理する際，P 値だけでなく効果量まで書くことが求められることが増えている[*8]．仮に有意であっても，差がほとんどない (効果量が小さい) なら，あまり意味のある差ではないと考えられるからである[*9]．

　[*6]　東京大学教養学部統計学教室編，「統計学入門」，東京大学出版会には，ν に最も近い整数 ν^* を自由度に持つ t 分布で近似できると書かれている (p.224) が，これは数表を読むための便宜であって，数学的には整数に限る理由は何もない．R を用いれば非整数の t 分布を用いた計算は容易である．

　[*7]　95%信頼区間を見ても 0 を含んでいることがわかる．

　[*8]　コーエンは論文 [14] で次のように述べている．"The primary product of a research inquiry is one or more measures of effect size, not P values."（研究の主な成果は，1 つ以上の効果量であって P 値ではない）

　[*9]　もっとも，効果量が無視できるかどうかは考えている問題によって変わるであろう．

138　第 14 章　統計的仮説検定

　代表的な効果量として**コーエンの** d (Cohen's d) がある．比較する二群各々の平均値を $\overline{X_1}$, $\overline{X_2}$,
不偏分散を s_1^2, s_2^2, サンプルサイズを n_1, n_2 とするとき，コーエンの d は次のように定義される．

$$d = \frac{\overline{X_1} - \overline{X_2}}{\sqrt{\frac{(n_1-1)s_1^2 + (n_2-1)s_2^2}{n_1+n_2-2}}} \tag{14.1}$$

　(14.1) の分母は，両群を合わせた標準偏差 (不偏分散の平方根) であるから，コーエンの d は，両
群を合わせた標準偏差を 1 単位としたとき，両群の差が何単位分にあたるかを表したものである．
コーエンの d を計算する関数を作るのは簡単だが，effsize パッケージの cohen.d 関数がすでに
用意されているので，こちらを使う[*10]．ここでは平均 50，標準偏差 10 の正規乱数 100 個と平均
55，標準偏差 15 の正規乱数 100 個を使ってみよう (再現性を持たせるために set.seed(100) とし
ている)．effsize パッケージをインストールした後，次のようにすればよい．

```
> library(effsize)
> set.seed(100)
> x <- rnorm(100,50,10)
> y <- rnorm(100,55,15)
> cohen.d(x,y)


Cohen's d


d estimate: -0.46251 (small)
95 percent confidence interval:
        inf         sup
-0.7450994  -0.1799206
```

　ここでは d の信頼区間も表示されている．effsize のマニュアル[*11]によれば，d の分散として

$$S_d^2 = \frac{n_1 + n_2}{n_1 + n_2 - 2} \cdot \left(\frac{n_1 + n_2}{n_1 n_2} + \frac{d^2}{2(n_1 + n_2 - 2)} \right) \tag{14.2}$$

を用い[*12]，t 統計量を用いて信頼区間を計算している．つまり，自由度 $n_1 + n_2 - 2$ の t 分布を使っ
て 95%信頼区間を計算している．この場合，信頼区間は 0 を含まないので差は有意である．d の値の
横にある (small) は，効果量の大きさの目安である．$|d| < 0.2$ であれば (negligible)，$|d| < 0.5$
であれば (small)，$|d| < 0.8$ であれば (medium)，$|d| > 0.8$ であれば (large) と出力される．
　コーエンの d はやや正確さに欠け，大きめに出るので，これを補正したもの

$$g = \left(1 - \frac{3}{4(n_1 + n_2 - 9)} \right) d \tag{14.3}$$

を**ホッジスの** g (Hedges' g)，または**偏りのないコーエンの** d (unbiased Cohen's d) と呼ぶ．こ
のときは，hedges.correction=TRUE とすればよい．

　[*10]　effsize パッケージには，コーエンの d の他，クリフのデルタ (Cliff's delta) を計算する関数 cliff.delta
があるが，本書では省略する．
　[*11]　https://cran.r-project.org/web/packages/effsize/effsize.pdf
　[*12]　文献によって異なる分散を使っているので注意が必要である．Nakagawa–Cuthill[15] では，分散として $\frac{n_1+n_2}{n_1 n_2} +$
$\frac{d^2}{2(n_1+n_2-2)}$ を用いる方法が紹介されている．$n_1 + n_2$ が十分大きければ，この値は，S_d^2 に近いのであまり大きな問
題ではないが．

```
> cohen.d(x,y,hedges.correction=TRUE)

Hedges's g

g estimate: -0.4607559 (small)
95 percent confidence interval:
       inf        sup
-0.7433174 -0.1781943
```

14.7 章末問題

(R) マークは R を使って解答する問題，(数) マークは数学的な問題である．

[問題 14-1] (数) 統計的仮説検定においては，帰無仮説 H_0 が棄却されたとしても，対立仮説 H_1 が積極的に支持されるわけではないことを自分の言葉で説明せよ (本文で説明されていることを自分の言葉で説明せよ)．

[問題 14-2] (R) 65 歳以上の高齢者 10 名と 10 代後半から 20 代前半の大学生 10 名の，想起能力の違いを調べた．両グループに 1 分間に動物の名前をいくつ思い出せるかを調べたところ，大学生グループでは，それぞれ 35, 29, 29, 28, 27, 26, 24, 23, 17, 14 個の想起に成功し，65 歳以上の高齢者グループでは，それぞれ 19, 19, 16, 15, 15, 14, 14, 13, 12, 10 個の想起に成功した．両グループの平均の差を t 検定せよ (「みんなの家庭の医学 SP」(2014 年 2 月朝日放送))．

[問題 14-3] (R) 問題 14–2 と同じ集団に対し，最初に 15 個の単語を覚え，後に 30 秒の計算力テストを行ってから，単語を列挙し，先に覚えた 15 個の単語に含まれるかどうかを判定させたところ，大学生グループでは，それぞれ 15, 15, 15, 15, 15, 15, 14, 14, 12, 11 個正解し，高齢者グループでは，それぞれ 15, 14, 13, 13, 13, 13, 13, 13, 12, 12 個正解した．両グループの平均の差を t 検定せよ (「みんなの家庭の医学 SP」(2014 年 2 月朝日放送))．

[問題 14-4] (R) R の標準データ sleep は，10 名の被験者に対し，2 つの睡眠薬 (soporific drugs 睡眠時間を増やす薬) によって睡眠時間がどれだけ伸びたか (あるいは縮んだか) を調べたデータである．group が睡眠薬の種類に対応し[13]，extra が睡眠時間の増減である．sleep を用いて 2 群の違いを片側 t 検定し，睡眠薬 2(group 2) が睡眠薬 1(group 1) よりも睡眠時間を伸ばす効果があるかどうか判定せよ．

```
> head(sleep)
  extra group ID
1   0.7     1  1
2  -1.6     1  2
3  -0.2     1  3
4  -1.2     1  4
5  -0.1     1  5
6   3.4     1  6
```

---

[13] The group variable name may be misleading about the data: They represent measurements on 10 persons, not in groups.

140   第 14 章   統計的仮説検定

問題 14-5 **(R)**   サンプルデータの statistics test タブにあるデータは，2 つのクラス A, B で統計学の
試験を行った結果である．以下の問に答えよ．

(a) A, B それぞれの平均値と標準偏差，中央値を求めよ．

(b) A, B の箱ひげ図を描け．ラベルは A, B とせよ．

(c) 両グループの平均の差を t 検定せよ．

問題 14-6 **(R)**   表 14.2 のデータに対し，飲酒前，飲酒後の想起回数の差を一標本と見て本文と同様の検
定を行い，同じ結果となることを確認せよ．

問題 14-7 **(R)**   「平均 50，標準偏差 10 の正規乱数を 10 個発生させ，t.test で 95% 信頼区間を計算し，
真の平均 50 がこの信頼区間に含まれるかどうかを判定する」という操作を 10000 回実行し，信頼区間に含
まれる確率が 5% 程度になることを確認せよ．

第15章

べき分布

べき分布は，統計学の教科書ではほとんど触れられることがなかった．それは，べき分布が統計学的に極めて扱いづらい対象だからである．だからといってべき分布が例外的な分布というわけではなく，実際には，様々なところに出現する無視できない分布である．本章では，様々な現象がべき分布に関係することを示し，poweRlaw パッケージ[*1]の使い方を解説する．

15.1 地震の回数の分布

確率密度関数 $f(x)$ が，$f(x) = cx^{-\alpha}(c > 0, \alpha > 0, x > 0)$ で表される確率分布を，べき分布，またはパレート分布と言う．

べき分布の例として地震の頻度分布を見てみよう．最初に地震学の用語を確認しておく．地震のエネルギーの大きさを対数で表したものを**マグニチュード** (magnitude) と言う．英語圏では，考案者の名をとって**リヒタースケール** (Richter scale) と呼ばれることも多い．地震が発するエネルギーの大きさを E（ジュール）とするとき，E と（モーメント）マグニチュード M は，

$$\log_{10} E = 4.8 + 1.5M \tag{15.1}$$

の関係で結ばれている．M が 1 大きくなると，E は $10^{1.5} = 10\sqrt{10} \approx 31.62278$ 大きくなる．M が 2 大きくなるとエネルギーは 1000 倍になる．一般にマグニチュードが大きい地震は被害も大きくなる傾向があるが，同じマグニチュードでも地表に近いところで起きた場合と深いところで起きた場合では，表面における**震度** (Japanese seven-stage seismic intensity) は異なる．

地震学では**モーメントマグニチュード** (moment magnitude scale) がよく使われるが，日本では気象庁マグニチュードが使われることが多い．定義は細かいところで異なるが，本節での説明においては両者に大きな差はないので，ここでは気象庁マグニチュードのデータをモーメントマグニチュードと見なして話を進める．

実際のデータを見てみよう．sampledata.xlsx の Earthquake というシートに気象庁が発表した 1997 年から 2009 年の日本における地震のマグニチュード M と，対応する地震の回数 N が記録されている．M と回数の対数 $\log_{10} N$ のグラフを描いてみよう．

```
> M <- scan("clipboard")
Read 7 items
> N <- scan("clipboard")
Read 7 items
> plot(M,log10(N))
> res <-lm(log10(N)~M)
> summary(res)

Call:
lm(formula = log10(N) ~ M)
```

[*1] poweRlaw の R は大文字である．タイプミスではない．

```
Residuals:
      1       2       3       4       5       6       7
-0.23139 0.03665 0.17052 0.09780 0.07655 0.07646 -0.22660

Coefficients:
            Estimate Std. Error t value Pr(>|t|)
(Intercept)  7.21085    0.18010   40.04 1.83e-07 ***
M           -0.87303    0.03344  -26.11 1.54e-06 ***
---
Signif. codes:  0 '***' 0.001 '**' 0.01 '*' 0.05 '.' 0.1 ' ' 1

Residual standard error: 0.177 on 5 degrees of freedom
Multiple R-squared:  0.9927,Adjusted R-squared:  0.9913
F-statistic: 681.5 on 1 and 5 DF,  p-value: 1.541e-06

> abline(res)
```

とすれば，**図 15.1** が得られる (最初に scan("clipboard") としている部分では，M と N のデータをそれぞれクリップボードからコピー (N は Earthquake シートの B 列 5 行から B 列 11 行まで，M は C 列 5 行から C 列 11 行まで) している).

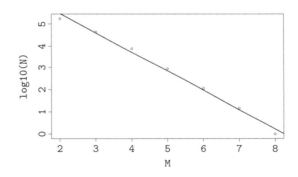

図 15.1：日本における 1997 年から 2009 年までの地震

res のサマリを見ると，回帰直線 (詳細は多変量統計編で説明する．ここでは直線を当てはめていることだけ理解して読み進めてほしい) は，

$$\log_{10} N = 7.21085 - 0.87303 M \tag{15.2}$$

となることがわかる．極めて当てはまりがよい．(15.2) によれば，M が 1 増加するごとに，地震の頻度は $10^{-0.87303} \approx 0.1339584$ 倍になることになる．ほぼ 7 から 8 分の 1 になるわけである．(15.2) は，

$$N = 10^{7.21085} \cdot 10^{-0.87303 M}$$

と書けるので，M に関しては指数分布になっている．

(15.2) に (15.1) を代入すると，次の (15.3) が得られる．

$$\log_{10} N = 10.00455 - 0.87303 \log_{10} E \tag{15.3}$$

(15.3) を対数を用いない形に変形すると，(15.4) のべき分布が得られる．

$$N = f(E) = 10^{10.00455} E^{-0.87303} \tag{15.4}$$

(15.3) のような，地震の回数とエネルギーの間に成り立つ法則 $\log_{10} N = a - bM$ を，**グーテンベルグ・リヒターの法則** (Gutenberg–Richter law) と言う．略して **GR 則** と呼ばれることもある[*2]．グーテンベルグ・リヒターの法則自体は指数分布則だが，(15.4) のようにエネルギーとの関係で見るとべき分布則となるのである．グーテンベルグ・リヒターの法則は日本における地震だけでなく極めて広範囲に普遍的に成り立つ法則である[*3]．一般に，b の値は **b 値** (b value) と呼ばれる．b 値は 0.8 から 1.1 程度になることが多い．この例 (15.3) では $b = 0.87303$ となっている．b 値は地域にも依存する（ように見える）が，データを取得した時期や期間にも依存する[*4]．

f は，$k > 0$ を任意の定数としたとき，$f(kE) = c(kE)^{-b} = ck^{-b}E^{-b} \propto f(E)$ という性質を持つ．ここで c は比例定数である．これを**スケールフリー性** (scale free property) と言うが，これは文字どおりスケールを変えても（定数倍の違いはあるが）同じ法則が成り立つことを示している．グーテンベルグ・リヒターの法則の示唆することは，大きな地震も小さな地震も規模が違うだけで同じようなメカニズムで起きているらしいということである．

なお，ここでは極めて簡単に回帰直線から a, b を推定したが，地震学では最尤推定を用いることもある．それぞれ利点と欠点があり，専門的な議論の対象である[*5]．ここでは，あくまで現象を紹介しただけであって，地震学の詳細については専門書に譲る．本書では，宇津[16]を参照した．

15.2　ファットテイルを持つ分布

前節では，地震の規模と頻度に関するグーテンベルグ・リヒターの法則を紹介した．地震のエネルギーと頻度の間にはべき法則が成り立つ．しかし，一般には**分布全体ではなく，局所的にべき法則が成り立つものがある**ため，適当な値で区切って考える必要がある．この状況を数学的に整理しておこう．

最初に，標準正規分布と平均 1 の指数分布において平均から外れた部分（テイル）を考えよう．本節において，以降正規分布とは標準正規分布のことを示すものとする．

正規分布においては，平均から x 以上離れている確率は，

$$
\begin{aligned}
P_{\mathrm{norm}}(|X| \geq x) &= \frac{2}{\sqrt{2\pi}} \int_x^\infty e^{-z^2/2} dz \\
&= \sqrt{\frac{2}{\pi}} \int_x^\infty e^{-z^2/4} e^{-z^2/4} dz \\
&\leq \sqrt{\frac{2}{\pi}} \int_x^\infty e^{-x^2/4} e^{-z^2/4} dz \\
&\leq C e^{-x^2/4}
\end{aligned}
$$

となる．ここで $C > 0$ は定数である．これを，正規分布は遠方で**ガウス型減衰** (Gaussian decay) すると表現する．一方，指数分布では，

$$P_{\mathrm{exp}}(X \geq x) = \int_x^\infty e^{-z} dz = e^{-x} \tag{15.5}$$

[*2]　ここでは気象庁マグニチュードとモーメントマグニチュードを同一視して説明しているが，細かい違いはあるので実際に適用される際にはご注意願いたい．

[*3]　ただし，M が大きくなると法則の当てはまりが悪くなる．

[*4]　ここでは東日本大震災が起きる前のデータを扱っているが，大震災後は b 値は違ったものになる．

[*5]　いずれにしても推定値に大きな違いは出ない．

となる．こちらは**指数型減衰** (exponential decay) である．これらは平均から大きく外れた部分の確率を見積もる式であり，確率変数 X がどれくらい平均から外れやすいか，外れにくいかを表現している．正規分布の場合，x が大きくなるにつれ $P_{\mathrm{norm}}(|X| \geq x)$ は猛烈なスピードで小さくなるのに対し，指数分布では，そうでもない，ということがわかる．このような状況を正規分布よりも指数分布の方が**裾が重い** (heavy tail)，あるいは**裾が太い** (fat tail) と表現することがある．もっと裾の重い分布としてコーシー分布がある．

$$P_{\mathrm{Cauchy}}(|X| \geq x) = \frac{2}{\pi} \int_x^\infty \frac{1}{1+z^2} dz \leq \frac{2}{\pi} \int_x^\infty z^{-2} dz = \frac{2}{\pi} x^{-1} \tag{15.6}$$

これは**べき型減衰** (power decay) と呼ばれる．べき型減衰は指数減衰よりもはるかにゆっくりした減衰である．つまりテイル部分がなかなか小さくならない．より一般に，$x^{-\gamma}$ のように減衰する場合，γ を**パレート指数** (Pareto[*6] index) と言う．

15.2.1 べき分布の詳細な定義

べき分布は 2 つのタイプに分類される．1 つは連続変数の場合であり，もう 1 つは離散変数の場合である．

パレート指数 γ を推定するには，べき分布にフィットする部分とそれ以外を分離するために，適当な値 $x_{\min}$ で区切る必要がある (**図 15.2**)．

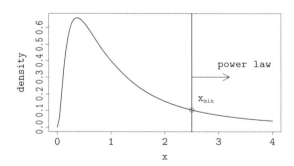

図 15.2：テイルがべき分布と見なせる場合

連続変数の場合，確率密度関数が $\alpha > 1$，$x \geq x_{\min} > 0$ に対し，

$$f(x) = \frac{\alpha - 1}{x_{\min}} \left(\frac{x}{x_{\min}} \right)^{-\alpha}$$

と記述される分布である．掛かっている係数は規格化定数 (積分すると 1 になるようにするための定数) である．テイルにどのくらい確率が集中しているかは，

$$P_{\geq}(x) = P(X \geq x) = \int_x^\infty f(x) dx = \left(\frac{x}{x_{\min}} \right)^{-(\alpha - 1)}$$

を見ればわかる．$P_{\geq}(x)$ はべき分布をグラフィカルに考察する際に頻繁に用いられる[*7]．指数の値が 1 減ることに注意してほしい．つまり，パレート指数は，$\gamma = \alpha - 1$ である．

[*6] Vilfredo Federico Damaso Pareto は，イタリアのエンジニア，社会学者，経済学者，政治科学者，哲学者であり，80：20 の法則，「エリート」という概念を有名にしたことでも知られている．

[*7] この記号が一般的だという意味ではない．

一方，離散変数の場合は，確率関数が，

$$P(X = x) = \frac{x^{-\alpha}}{\zeta(\alpha, x_{\min})}$$

で表されるものをべき分布という．ここで，

$$\zeta(\alpha, x_{\min}) = \sum_{n=0}^{\infty} (n + x_{\min})^{-\alpha}$$

である．この関数は，**一般化ゼータ関数** (generalized zeta function) と呼ばれる．$\alpha > 1$ で収束する．

$$P_{\geq}(x) = P(X \geq x) = \sum_{m=x}^{\infty} \frac{m^{-\alpha}}{\zeta(\alpha, x_{\min})} = \sum_{n=0}^{\infty} \frac{(n+x)^{-\alpha}}{\zeta(\alpha, x_{\min})}$$

となるが，その減衰オーダーは，

$$P_{\geq}(x) = \sum_{n=0}^{\infty} \frac{(n+x)^{-\alpha}}{\zeta(\alpha, x_{\min})} \approx \int_x^{\infty} y^{-\alpha} dy = \frac{1}{\alpha - 1} x^{-(\alpha-1)}$$

となり，連続な場合と同様に $\alpha - 1$ となり，パレート指数 $\gamma = \alpha - 1$ となる．

15.3　α と $x_{\min}$ の最尤推定

`poweRlaw` パッケージは，Colin S. Gillespie (ニューカッスル大学 (当時)) の論文 [9] において発表されたべき分布解析用のライブラリである．`poweRlaw` では，$x_{\min}$ を定めた場合に対する α の最尤推定を行っている．$x_{\min}$ は累積分布関数の距離が最小になるように定めている．以下，その数学的な仕組みを説明する．

15.3.1　連続変数の場合

$x_{\min}$ が既知であると仮定しよう．α の最尤推定を行うには，尤度関数

$$p(x|\alpha) = \prod_{i=1}^{n} \frac{\alpha - 1}{x_{\min}} \left(\frac{x_i}{x_{\min}} \right)^{-\alpha}$$

に対し，対数尤度 $L = \log p(x|\alpha)$ を最大にする α を求めればよい．

$$L = \log p(x|\alpha)$$
$$= \sum_{i=1}^{n} \left[\log(\alpha - 1) - \log x_{\min} - \alpha \log \frac{x_i}{x_{\min}} \right]$$

であるから，

$$\frac{\partial L}{\partial \alpha} = \sum_{i=1}^{n} \left[\frac{1}{\alpha - 1} - \log \frac{x_i}{x_{\min}} \right] = 0$$

を解いて，最尤推定値

$$\hat{\alpha} = 1 + n \left(\sum_{j=1}^{n} \log \frac{x_j}{x_{\min}} \right)^{-1}$$

が得られる．

146　第 15 章　べき分布

15.3.2　離散変数の場合

離散変数の場合も連続変数の場合と同様に最尤推定すればよいのであるが，少々困ったことが起きる．対数尤度は，次のようになる．

$$L = \log \prod_{i=1}^{n} \frac{x_i^{-\alpha}}{\zeta(\alpha, x_{\min})} = -n \log \zeta(\alpha, x_{\min}) - \alpha \sum_{i=1}^{n} \log x_i$$

よって，尤度方程式は，

$$\frac{\partial L}{\partial \alpha} = -\frac{n}{\zeta(\alpha, x_{\min})} \frac{\partial \zeta(\alpha, x_{\min})}{\partial \alpha} - \sum_{i=1}^{n} \log x_i = 0$$

となる．つまり $\hat{\alpha}$ は，

$$\frac{\zeta'(\hat{\alpha}, x_{\min})}{\zeta(\hat{\alpha}, x_{\min})} = -\frac{1}{n} \sum_{i=1}^{n} \log x_i \tag{15.7}$$

の解である．残念ながら，この方程式はきれいに解くことができない．そこでよい近似値を求めることを考える．

$f(x)$ は必要なだけ微分可能な関数とし，その原始関数を $F(x)$ として，$F(x+1/2)$ と $F(x-1/2)$ を x のまわりでテイラー展開することにより，

$$\int_{x-1/2}^{x+1/2} f(t)dt = F(x + 1/2) - F(x - 1/2) \tag{15.8}$$

$$= \left[F(x) + \frac{1}{2}F'(x) + \frac{1}{2!} \cdot \frac{1}{2^2} F''(x) + \frac{1}{3!} \cdot \frac{1}{2^3} F'''(x) + \cdots \right]$$

$$- \left[F(x) - \frac{1}{2}F'(x) + \frac{1}{2!} \cdot \frac{1}{2^2} F''(x) - \frac{1}{3!} \cdot \frac{1}{2^3} F'''(x) + \cdots \right]$$

$$= f(x) + \frac{1}{24} f''(x) + \cdots$$

が成り立つ（$F'(x) = f(x)$ に注意）．よって，(15.8) を足し合わせて，

$$\int_{x_{\min}-1/2}^{\infty} f(t)dt = \sum_{x=x_{\min}}^{\infty} f(x) + \frac{1}{24} \sum_{x=x_{\min}}^{\infty} f''(x) + \cdots \tag{15.9}$$

(15.9) において，$f(x) = x^{-\alpha}$ とおくと，左辺は，

$$\int_{x_{\min}-1/2}^{\infty} t^{-\alpha} dt = \frac{1}{\alpha - 1} \left(x_{\min} - \frac{1}{2} \right)^{-\alpha+1} \tag{15.10}$$

となり，右辺は，

$$\sum_{x=x_{\min}}^{\infty} x^{-\alpha} + \frac{\alpha(\alpha+1)}{24} \sum_{x=x_{\min}}^{\infty} x^{-\alpha-2} + O(x_{\min}^{-2})$$

$$= \zeta(\alpha, x_{\min})[1 + O(x_{\min}^{-2})] \tag{15.11}$$

と書くことができる[*8]．ここで，$x^{-2} \le x_{\min}^{-2}$ であることを用いた．

[*8]　O はランダウの記号である．ここでは，$O(x^m)$ は，x について m 乗以上の項をまとめたものと思えばよい．

したがって，(15.10) と (15.11) より，

$$\zeta(\alpha, x_{\min}) = \frac{1}{\alpha - 1} \left(x_{\min} - \frac{1}{2} \right)^{-\alpha+1} [1 + O(x_{\min}^{-2})] \tag{15.12}$$

となる．ここで

$$[1 + O(x_{\min}^{-2})]^{-1} = 1 + O(x_{\min}^{-2}) + O(x_{\min}^{-4}) + \cdots$$
$$= 1 + O(x_{\min}^{-2})$$

であることを使った．

(15.12) の両辺を α で微分して，

$$\zeta'(\alpha, x_{\min}) = -\frac{\left(x_{\min} - \frac{1}{2} \right)^{-\alpha+1}}{\alpha - 1} \left[\frac{1}{\alpha - 1} + \log\left(x_{\min} - \frac{1}{2} \right) \right] [1 + O(x_{\min}^{-2})] \tag{15.13}$$

(15.13) を (15.12) で割って，$O(x_{\min}^{-2})$ の項を無視すれば，

$$\frac{\zeta'(\alpha, x_{\min})}{\zeta(\alpha, x_{\min})} \approx -\frac{1}{\alpha - 1} - \log\left(x_{\min} - \frac{1}{2} \right) \tag{15.14}$$

(15.7) に (15.14) を代入し，α について解いたものが α の最尤推定値 $\hat{\alpha}$ の近似値であるから，

$$\hat{\alpha} \approx 1 + n \left(\sum_{j=1}^{n} \log \frac{x_j}{x_{\min} - 0.5} \right)^{-1}$$

が成り立つ．

$x_{\min}$ を決めるのによく用いられ poweRlaw パッケージでも用いられている方法は，$S(x)$ を実測データの**経験分布関数** (empirical distribution)，すなわちデータ $x_1, x_2, \ldots, x_n$ に対して，

$$F(x) = \frac{1}{n} \sharp\{i \mid x_i \leq x\}$$

とし（ここで，$\sharp A$ は集合 A の要素の数を表す），$F(x)$ を当てはめるモデルの累積分布関数としたとき，

$$D = \max_{x \geq x_{\min}} |S(x) - F(x)|$$

を最小にするように $x_{\min}$ を定める．D は，$x \geq x_{\min}$ における累積密度関数同士の距離を測るものでしばしば**コルモゴロフ・スミルノフ距離** (Kolmogorov-Smirnov distance) と呼ばれる．これを最小にするのである．poweRlaw パッケージでは $x_{\min}$ を動かしながら最適値を求めているので，処理に時間がかかる．

15.4 株価変動の分布

　ファットテイルを持つ分布の実例として，株価の変動の分布を取り上げよう．合わせて，べき分布を扱うのに便利な poweRlaw パッケージについても紹介する．

　株価のデータは，Yahoo! Finance US のサイト[9]から取得するのが便利である．日経平均のデータであれば，^N225 をクリックして，次の画面で Historical Data をクリックする．データの範囲

---

[9] 2016 年 10 月現在では，http://finance.yahoo.com/stock-center/である．URL を直接入力するよりも「Yahoo! Finance stock indices」などと入力して，検索エンジンにかける方が柔軟で状況の変化に強く便利だと思う．

Time Periodに，1984年1月4日から2016年10月14日を指定し，Applyボタンをクリックし，Download Dataをクリックすると，1984年1月4日からその時点までのデータがダウンロードされる．ファイル名はデフォルトで^N225.csvである．以下のコマンドの2行目で，データに"null"を含む行を除去している．

```
> Nikkei225orig <- read.csv("^N225.csv",na.strings=c("null"))
> Nikkei225 <- subset(Nikkei225orig, complete.cases(Nikkei225orig))
> head(Nikkei225)
        Date       Open       High        Low      Close Volume   Adj.Close
1 1984-01-04  9927.110352  9927.110352  9927.110352  9927.110352  9927.110352      0
2 1984-01-05  9946.860352  9946.860352  9946.860352  9946.860352  9946.860352      0
3 1984-01-06  9961.250000  9961.250000  9961.250000  9961.250000  9961.250000      0
4 1984-01-09 10053.809570 10053.809570 10053.809570 10053.809570 10053.809570      0
5 1984-01-10 10016.209961 10016.209961 10016.209961 10016.209961 10016.209961      0
6 1984-01-11 10072.509766 10072.509766 10072.509766 10072.509766 10072.509766      0
```

日経平均の終値 (この例では，1984年1月4日から2016年10月14日まで) をプロットするには，次のようにする．

```
plot(as.Date(Nikkei225$Date),Nikkei225$Close,type="l",lwd=3)
```

表示に若干時間がかかるかもしれないが，しばらく待てば図15.3が表示される．

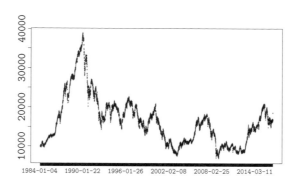

図 15.3：1984年1月4日から2016年10月14日までの日経平均の終値

これを「今日の終値 / 前日の終値」の自然対数，すなわち，**対数差分** (log difference)

$$Y_t = \log \frac{X_t}{X_{t-1}} = \log X_t - \log X_{t-1}$$

に変換してヒストグラムにしたものが，**図 15.4** である[*10]．

```
> Nikkei225Logdiff<-diff(log(Nikkei225$Close))
> hist(Nikkei225Logdiff,150,xlim=c(-0.18,0.18))
```

[*10] $\frac{X_t - X_{t-1}}{X_{t-1}}$ が小さければ，$\log(1+x) \approx x$ より，$Y_t = \log X_t - \log X_{t-1} = \log \frac{X_t}{X_{t-1}} = \log\left(1 + \frac{X_t - X_{t-1}}{X_{t-1}}\right) \approx \frac{X_t - X_{t-1}}{X_{t-1}}$ となる．

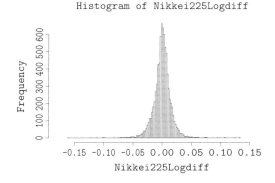

図 15.4：Y_t のヒストグラム

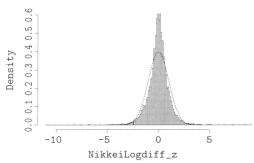

図 15.5：Y_t の Z 値と $N(0,1)$ の密度関数の重ね合わせ

ここで，diff はデータの差分をとる関数である (変数変換された Y_t に対して Z 値を求めるために diff() を使った差分が必要となる).

このヒストグラムは一見すると正規分布と見分けがつかないが，正規分布とは言えない．まず，Z 値 (第 1 章，問題 1-7) に変換して，正規分布の密度関数と重ね合わせてみよう (Z 値は平均 0，分散 1 に標準化されたものであるため，標準正規分布と比較する).

```
> NikkeiLogdiff_z <- (Nikkei225Logdiff-mean(Nikkei225Logdiff))/sd(Nikkei225Logdiff)
> hist(NikkeiLogdiff_z,150,prob=TRUE)
> curve(dnorm,add=TRUE,lty=2)
```

とすると，**図 15.5** が得られる．

ここで点線が $N(0,1)$ の密度関数だが，全くフィットしていないことがわかるだろう[*11]．箱ひげ図を描いてみると**図 15.6** が得られる．

図 15.6 を見ると外れ値が多数散らばっていることがわかる．

```
> hist(NikkeiLogdiff_z,150,prob=TRUE,xlim=c(2.7,9.7),ylim=c(0,0.02))
> curve(dnorm,add=TRUE,lty=2,lwd=2)
```

として，テイル部分 (上昇部分) を拡大してみたものが**図 15.7** である．点線が正規分布である．

図 15.7 を見れば一目瞭然．テイルに近い部分は正規分布では説明がつかない．このことをもう少し細かく見るために，最大値と最小値が，平均からの差が標準偏差何個分に相当するか調べてみよう．

```
> (max(Nikkei225Logdiff)-mean(Nikkei225Logdiff))/sd(Nikkei225Logdiff)
[1] 9.077319
> (min(Nikkei225Logdiff)-mean(Nikkei225Logdiff))/sd(Nikkei225Logdiff)
[1] -11.07693
```

このような確率はどれくらいであろうか．単純に計算すると，

[*11] 恐ろしいことだが，現代の金融工学で最も有名なオプション価格評価式として知られるブラック＝ショールズ評価式では，点線の分布を仮定している．ショールズとマートンはこの業績でノーベル経済学賞を受賞するが，彼らが所属していたヘッジファンド LTCM (Long Term Capital Management) は，ロシアの債券危機で莫大な運用資金を吹き飛ばして破綻した．ブラック＝ショールズ評価式を導くことは確率論を学んだ数学科の学生にとってはそう難しくないが，それは，計算しやすい仮定をおくからである．

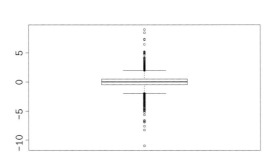
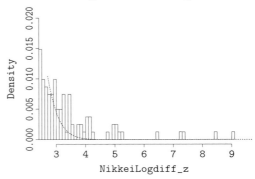

図 15.6：Y_t の Z 値の箱ひげ図　　図 15.7：日経平均のテイル部分 (上昇部分)

```
> 1-pnorm(9.077319)
[1] 0
> 1-pnorm(11.07693)
[1] 0
```

となって，最大，最小ともに 0 になってしまうが，実際には 0 ではなく，これは計算機内部では桁落ちして 0 になってしまうことを意味する．

```
> 1-pnorm(8)
[1] 6.661338e-16
```

となるので，$6.661338e-16 = 6.661338 \times 10^{-16}$ よりも小さい確率であることがわかるが，このくらいになると数値誤差が気になるので，もう少し数学的に厳密な評価を用意しておく．

X が $N(0,1)$ に従うとき，$x > 0$ に対して次の評価が成り立つ．
$$P(X \geq x) \leq \frac{1}{\sqrt{2\pi} x} e^{-x^2/2}$$

証明は簡単で，$t \geq x > 0$ に対しては，$1 \leq t/x$ であるから，
$$P(X \geq x) = \frac{1}{\sqrt{2\pi}} \int_x^\infty e^{-t^2/2} dt$$
$$\leq \frac{1}{\sqrt{2\pi}} \int_x^\infty \frac{t}{x} e^{-t^2/2} dt$$
$$= \frac{1}{\sqrt{2\pi} x} e^{-x^2/2}$$

よって，
$$\log_{10} P(X \geq x) \leq -x^2 \frac{\log_{10} e}{2} - \log_{10}(\sqrt{2\pi} x)$$

```
> up = 9.077319
> up^2*log10(exp(1))/2+log10(sqrt(2*pi)*up)
[1] 19.24949
> down = 11.07693
> down^2*log10(exp(1))/2+log10(sqrt(2*pi)*down)
[1] 28.08712
```

となるから，
$$P(X \geq 9.077319) \leq 10^{-19.24949}$$

$$P(X \geq 11.07693) \leq 10^{-28.08712}$$

という評価が得られる．いずれも極めてまれであることを示している．

```
> length(Nikkei225$Date)
[1] 8072
```

であるから，差のデータは，$8072 - 1 = 8071$ 個しかない．つまり，8071 個のデータに標準偏差 9 個分，11 個分外れたデータが含まれる確率はいずれもほとんどゼロである．これは株価の分布が正規分布とはかけ離れた分布になっていることを意味している．

15.4.1 poweRlaw パッケージの株価データへの応用

早速 poweRlaw パッケージを使ってみよう．スクリプトを示し，実行結果を見ながら，その意味を解説する．以下のスクリプトを実行すると，**図 15.8** が得られる．コメント部分 (# の後はコメントとして読み飛ばされる) を除いて負の部分を実行したものが**図 15.9** である．環境によっては実行にかなりの時間がかかるのでしばらく作業が中断するかもしれない．

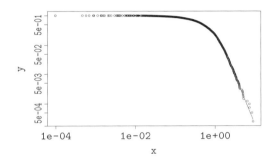 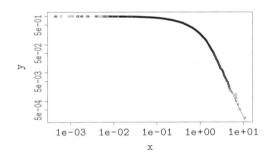

図 15.8：日経平均の終値が上昇した部分の分布　　**図 15.9**：日経平均の終値が下落した部分の分布

```
library(poweRlaw)
Nikkei225orig <- read.csv("^N225.csv",na.strings=c("null"))
Nikkei225 <- subset(Nikkei225orig, complete.cases(Nikkei225orig))
Nikkei225Logdiff<-diff(log(Nikkei225$Close))
me <- mean(Nikkei225Logdiff)
sdev <- sd(Nikkei225Logdiff)
NikkeiLogdiff_z <- (Nikkei225Logdiff-me)/sdev
N225pos <- conpl$new(NikkeiLogdiff_z[NikkeiLogdiff_z > 0])
#N225neg <- conpl$new(-NikkeiLogdiff_z[NikkeiLogdiff_z < 0])
est_pos <- estimate_xmin(N225pos)
#est_neg <- estimate_xmin(N225neg)
N225pos$setXmin(est_pos)
#N225neg$setXmin(est_neg)
plot(N225pos)
lines(N225pos,lwd=2)
#plot(N225neg)
#lines(N225neg,lwd=2)
```

152 第 15 章 べき分布

ここで，図 15.8，図 15.9 の横軸は x を対数目盛 (常用対数) で表したものである．ここでは，株価変動の Z 値に対応する．縦軸は，$P_\geq(x) = P(X \geq x)$ を対数目盛で表したものである．ここでは，株価の変動が標準偏差を基準に考えて x 以上になった確率である．$P_\geq(x)$ は，最初は 1 で，x を大きくとるに従って 0 に近づく．これは両対数グラフであるから，直線に近い部分がべき分布でうまく近似できる部分である．直線の近似が最良になる x の値が $x_{\min}$ である．

スクリプトの最初の部分は先に示したとおりである．

```
N225pos <- conpl$new(NikkeiLogdiff_z[NikkeiLogdiff_z > 0])
```

では，日経平均の対数変動 Z 値がプラスの部分に対して，conpl 関数で連続分布用のべき分布オブジェクト N225pos を作っている．離散分布用のべき分布オブジェクトは，displ 関数で生成する．

```
est_pos <- estimate_xmin(N225pos)
N225pos$setXmin(est_pos)
```

では，べき分布オブジェクト N225pos に対して $x_{\min}$ を推定し，その推定結果を N225pos オブジェクトで指定している．

```
plot(N225pos)
lines(N225pos,lwd=2)
```

は，グラフを描くためのものである．

このスクリプトを実行し，株価の上昇部のパラメータを推定した結果は以下のようになった．

```
> est_pos
$gof
[1] 0.03373267

$xmin
[1] 2.179852

$pars
[1] 4.46997

$ntail
[1] 137

$distance
[1] "ks"

attr(,"class")
[1] "estimate_xmin"
```

出力のうち，重要な部分だけ説明する．株価の上昇部では，$x_{\min} = 2.179852$ と推定されている ($xmin の値)．$pars が α の推定値であり，4.46997 と推定されている．

株価の下落部分については，次のような結果が得られた (先のスクリプトでは下落部分がコメントアウトされているので注意されたい)．

```
> est_neg
$gof
[1] 0.02485529
```

```
$xmin
[1] 2.005742

$pars
[1] 4.321339

$ntail
[1] 220

$distance
[1] "ks"

attr(,"class")
[1] "estimate_xmin"
```

　株価がべきのテイルを持つということは，株価のテイル部分の変動は地震と同じスケールフリー性を持つということである．株価においては，標準偏差を 4 以上上回るような「大きな」変動と「ものすごく大きな」変動 (例えば標準偏差 7 以上上回る変動) は，本質的に同じようなもので異なるのは規模だけだということになる．

　ついでながら，このデータの負のテイル部分を見ると，株の急上昇よりも急降下の方が規模が大きい．人間にとって，上昇相場の熱狂よりも暴落の恐怖の方が大きいということなのかもしれない．

```
> 1/pnorm(4,lower.tail = FALSE)
[1] 31574.39
```

であるから，株価の変動 (の Z 値が) 標準正規分布に従うとするなら，標準偏差 4 を超えることは，31574 回に 1 回以下の確率でしか生じないはずだが，先の株価データでは $8072 - 1 = 8071$ 回の中に標準偏差 4 を超えて上昇したことが 19 回，4 を超えて下回ったことが 23 回もある．これは，正規分布の眼鏡で見た場合の「ありえないこと」が，べき分布の支配する現実の世界ではそれほど珍しくない現象だということを意味する．にも関わらず，我々はこうしたことがありえないと思い込んでいるのだ[*12]．

　株価変動のヒストグラム (図 15.5) をもう一度見てほしい．ファットテイルなだけでなく，正規分布よりも変動が零付近に集中していることがわかる．これは，大抵の日は変動は穏やかなのに，時に大混乱を引き起こすような巨大な変動が生ずることを示している．想定外で巨大なインパクトを持つ事象を論じて世界的なベストセラーになった『ブラック・スワン』の著者，ナシーム・ニコラス・タレブは，ファットテイルの支配する世界を「果ての国」と呼び，正規分布が支配するびっくりするようなことはほとんど起きない世界を「月並みの国」と呼んだ．我々は，平穏な毎日を過ごしていると月並みの国に住んでいると錯覚する．実際に住んでいるのは果ての国なのに．

補足 21. ここでは，かなり長期の株価データに対して α の推定を行ったが，短期のデータでは異なる指数が得られる場合があることに注意されたい．

[*12] 外れ値という概念は，確率分布に依存して決まる．しかし，確率分布を決めるには十分なサイズのデータがなければならない．実のところ，先験的に外れ値を知ることは原理的にできないのである．

154 第 15 章 べき分布

15.5 章末問題

(R) マークは R を使って解答する問題，(数) マークは数学的な問題である．

問題 15-1 (数)　動物を絶食させて，暑くも寒くもない状態で安静にしているときのエネルギー消費量を標準代謝量という．ゾウのような大きな動物でもネズミのように小さな動物でも，その体重 W (キログラム) と標準代謝量 E (ワット) の間に，次のような関係 (アロメトリー則) が成立することが知られている (本川 [17])．

$$E = 4.1 W^{3/4}$$

このとき，体重 40 グラムのハツカネズミと体重 4 トンのゾウの標準代謝量の比はいくらになるか計算せよ．

問題 15-2 (数)　次の (1), (2), (3) を満たす，実数全体で定義された連続関数 $f(x)$ の例をあげよ．
(1) $f(0) = 1$, (2) $f'(0) = 0$, (3) $f(x) \approx x^{-2}(|x| \to \infty)$

問題 15-3 (数)　自由度 $\nu > 0$ の t 分布に対し，そのテイルのパレート指数を求めよ．

問題 15-4 (R)　本文では Nikkei225 の株式市場データについて比の対数のヒストグラムを描いた．Yahoo! Finance US のサイトから他の株価データを選んでヒストグラムを描き，同じ平均，標準偏差を持つ正規分布を重ね描きせよ．

問題 15-5 (R)　poweRlaw パッケージに含まれる『白鯨 (Moby-Dick)』[*13]の単語の頻度データ moby について，poweRlaw パッケージを用いて，単語の頻度と順位の関係を両対数グラフに描き，直線を当てはめよ．指数の値はいくらと推定されるか．

---

*13　『白鯨』は，アメリカの小説家，ハーマン・メルヴィルの長編小説である．

問題解答

第 1 章

問題 1–1

```
> 5.63/171.58
[1] 0.03281268
> 5.56/158.23
[1] 0.03513872
```

となり，19 歳男性の変動係数は 0.03281268，19 歳女性の変動係数は 0.03513872 となり，女性の身長の変動係数の方が大きい．変動係数の観点からは，女性の方が身長のばらつきが大きいと言える．

問題 1–2

```
> x <- c(2,5,11,7,9)
> mean(x)
[1] 6.8
> prod(x)^(1/length(x))
[1] 5.863361
> 1/mean(1/x)
[1] 4.785251
> var(x)
[1] 12.2
> sd(x)
[1] 3.49285
```

問題 1–3

```
> x <- c(34,56,32,15,49)
> mean(abs(x-mean(x)))
[1] 12.24
> sqrt(var(x)*(length(x)-1)/length(x))
[1] 14.30245
```

問題 1–4

```
> math_ave <- c(65,59,62)
> num <- c(500,750,690)
> sum(math_ave*num)/sum(num)
[1] 61.6134
```

問題 1–5

```
> height <- c(171.8,167.2,180.9)*0.01
> weight <- c(74.4,56.3,93.2)
> weight/height^2
[1] 25.20732 20.13890 28.47992
```

問題 1–6

```
> x <- c(3,4,8,11,7)
> sd(x)
```

155

156 問題解答

```
[1] 3.209361
> sqrt(mean((x-mean(x))^2))
[1] 2.87054
```

問題 1-7

```
> sd_org <- sqrt(var(math)*(length(math)-1)/length(math))
> 50+10*(40-mean(math))/sd_org
[1] 40.36533
> 50+10*(85-mean(math))/sd_org
[1] 60.42865
```

問題 1-8

```
> x <- rnorm(100,50,10)
> hist(x)
```

ヒストグラムは省略する.

問題 1-9

```
> x <- rnorm(100,50,5)
> y <- rnorm(100,50,10)
> boxplot(x,y)
> IQR(x)
[1] 5.789389
> IQR(y)
[1] 12.55468
```

箱ひげ図は省略する.

問題 1-10

```
> x <- rnorm(5,170,10)
> x
[1] 179.2393 168.4334 167.7520 177.8187 152.1697
> mean(x)
[1] 169.0826
> y <- c(x,500)
> mean(y)
[1] 224.2355
> median(x)
[1] 168.4334
> median(y)
[1] 173.126
```

解のように，平均値は外れ値に敏感に反応し，大きく変化することがあるが，メディアンはあまり動かないことがわかる．これはメディアンが頑健性を持つことを示している．

問題 1-11

```
> sd(x)
[1] 10.81338
> mad(x)
[1] 13.91461
> sd(y)
[1] 135.4422
```

問題解答 **157**

```
> mad(y)
[1] 8.515558
```

問題 **1–12**

```
> sd_org <- sqrt(var(math)*(length(math)-1)/length(math))
> z <- (math-mean(math))/sd_org
> skewness <- mean(z^3)
> kurtosis <- mean(z^4)-3
> skewness
[1] -0.2749232
> kurtosis
[1] -0.79586
```

解より，math の分布はやや右に寄っており，正規分布よりも尖りが小さいことがわかる．

問題 **1–13**

$$\sigma^2 = \frac{1}{n} \sum_{j=1}^{n} (x_j - \overline{x})^2$$

$$= \frac{1}{n} \sum_{j=1}^{n} (x_j^2 - 2\overline{x}x_j + \overline{x}^2)$$

$$= \frac{1}{n} \sum_{j=1}^{n} x_j^2 - 2\overline{x}\frac{1}{n} \sum_{j=1}^{n} x_j + \frac{1}{n} \sum_{j=1}^{n} \overline{x}^2$$

$$= \overline{x^2} - 2\overline{x}^2 + \overline{x}^2$$

$$= \overline{x^2} - \overline{x}^2$$

問題 **1–14** $f(a) = \sum_{j=1}^{n} (x_j - a)^2$ は，a の下に凸な二次関数である．よって，$f'(a) = 2\sum_{j=1}^{n}(a-x_j) = 0$ のとき，最小となる．これを解けば，

$$a = \frac{1}{n} \sum_{j=1}^{n} x_j = \overline{x}$$

となる．

第 2 章

問題 **2–1** 散布図は省略する．

```
> x <- seq(0,1,by=0.01)
> y <- 1-x^4
> plot(x,y)
> cor(x,y)
[1] -0.864857
> cor(x,y,method="spearman")
[1] -1
> cor(x,y,method="kendall")
[1] -1
```

問題 **2–2**

$$r_{c_1 x c_2 y} = \frac{\sum_{j=1}^{n} (c_1 x_j - c_1 \overline{x})(c_2 y_j - c_2 \overline{y})}{\sqrt{\sum_{j=1}^{n} (c_1 x_j - c_1 \overline{x})^2} \sqrt{\sum_{j=1}^{n} (c_2 y_j - c_2 \overline{y})^2}}$$

$$= \frac{c_1 c_2 \sum_{j=1}^n (x_j - \overline{x})(y_j - \overline{y})}{|c_1||c_2|\sqrt{\sum_{j=1}^n (x_j - \overline{x})^2}\sqrt{\sum_{j=1}^n (y_j - \overline{y})^2}} = r_{xy}$$

であるから，ピアソンの積率相関係数はスケール不変である．順位相関係数がスケール不変であることは，正の数を掛けても順序が変わらないことから明らか．

$\boxed{\text{問題 2–3}}$　スピアマンの順位相関係数は，

$$\rho = 1 - \frac{6}{n(n^2-1)} \sum_{j=1}^n (R_j^x - R_j^y)^2$$

と表すことができる．相関係数は x, y に関して対称なので，$R_j^x = j$ $(j = 1, 2, 3, \ldots, n)$, $R_j^y = n - (j-1)$ $(j = 1, 2, 3, \ldots, n)$ に対して $\rho = -1$ を示せばよい．$R_j^x - R_j^y = j - (n - (j-1)) = 2j - 1 - n$ であるから，

$$\begin{aligned}
\sum_{j=1}^n (R_j^x - R_j^y)^2 &= \sum_{j=1}^n (2j - 1 - n)^2 \\
&= \sum_{j=1}^n (4j^2 - 4(n+1)j + (n+1)^2) \\
&= 4 \sum_{j=1}^n j^2 - 4(n+1) \sum_{j=1}^n j + \sum_{j=1}^n (n+1)^2 \\
&= \frac{2}{3} n(n+1)(2n+1) - 2(n+1)n(n+1) + n(n+1)^2 \\
&= n(n+1) \left(\frac{2}{3}(2n+1) - 2(n+1) + (n+1) \right) \\
&= \frac{1}{3} n(n+1)(n-1)
\end{aligned}$$

よって，$\rho = 1 - \frac{6}{n(n^2-1)} \frac{1}{3} n(n+1)(n-1) = 1 - 2 = -1$ となる．

$\boxed{\text{問題 2–4}}$　2つの項目の順位を考えたとき，大小関係が一致する組が1つもないので，ケンドールのタウランク距離 K は0である．また，ケンドールの順位相関係数は以下のように定義される．

$$\tau = \tau_{xy} = \frac{2K}{{}_n\mathrm{C}_2} - 1 = \frac{4K}{n(n-1)} - 1$$

よって，$\tau = 0 - 1 = -1$ となる．

$\boxed{\text{問題 2–5}}$　r_{xy} が 1 か -1 であるとする．このとき，平均偏差ベクトル

$$\boldsymbol{x} = (x_1 - \overline{x}, x_2 - \overline{x}, \ldots, x_n - \overline{x})$$
$$\boldsymbol{y} = (y_1 - \overline{y}, y_2 - \overline{y}, \ldots, y_n - \overline{y})$$

のなす角 θ の余弦 $\cos\theta$ は，1 か -1 であるから，$\boldsymbol{x}$ と $\boldsymbol{y}$ は平行でなければならない．よって，$\alpha\boldsymbol{y} = \beta\boldsymbol{x}$ となる定数 α, β が存在する（r_{xy} が 1 であれば α と β は同符号，-1 であれば異符号）．また仮定より，$\boldsymbol{x}$, $\boldsymbol{y}$ は共にゼロベクトルではない．したがって α, β のいずれも 0 ではない．よって $\alpha(y_j - \overline{y}) = \beta(x_j - \overline{x})$ $(j = 1, 2, \ldots)$ とならねばならない．つまり，x と y には直線関係がある．さらに，この両辺の二乗の平均をとると，

$$\alpha^2 \frac{1}{n} \sum_{j=1}^n (y_j - \overline{y})^2 = \beta^2 \frac{1}{n} \sum_{j=1}^n (x_j - \overline{x})^2$$

となるが，これは，$\alpha^2 s_{yy} = \beta^2 s_{xx}$ であることを示している．仮定より $s_{xx} \neq 0$ かつ $s_{yy} \neq 0$ であるから，$\beta/\alpha = \pm\sqrt{s_{yy}/s_{xx}}$ となる．よって，求める直線の式は，以下のようになる．

$$y = \pm\sqrt{\frac{s_{yy}}{s_{xx}}}(x - \overline{x}) + \overline{y}$$

ここで，傾きの符号は r_{xy} の符号と同じものとする．

[問題 2–6] 以下のようにする.
```
> x <- seq(-1, 1, by = 0.01)
> y <- 2*x-x^2 + rnorm(length(x),0,0.1)
```

[問題 2–7] 様々な解答がありうる. ここでは単純に値を並べてみるスクリプトを示す. なお, numeric(N) というのは 0 を N 個並べただけのオブジェクトである (図 2.A1).

```
M <- 20
N <- 1000
d <- numeric(N)
for(i in 1:N){
  x <- runif(M)
  y <- runif(M)
  tau <- cor(x, y, method="kendall")
  rho <- cor(x, y, method="spearman")
  d[i] <- 3*tau-2*rho
}
plot(d,ylim=c(-1.5,1.5))
abline(h=-1)
abline(h=1)
```

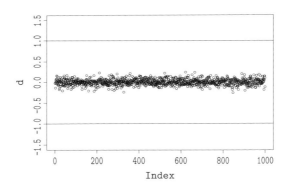

図 2.A1: $3\tau - 2\rho$ の値

[問題 2–8] 対角成分は同じ変数同士の散布図になり, 描いたとすれば, いずれも直線 $y = x$ に乗った点が描かれるだけで有益な情報が得られないため.

[問題 2–9]

$$\begin{aligned}
V &= \frac{1}{n} \sum_{j=1}^{n} (ax_j + by_j - (a\overline{x} + b\overline{y}))^2 \\
&= \frac{1}{n} \sum_{j=1}^{n} \{a(x_j - \overline{x}) + b(y_j - \overline{y})\}^2 \\
&= \frac{1}{n} \sum_{j=1}^{n} (a^2(x_j - \overline{x})^2 + 2ab(x_j - \overline{x})(y_j - \overline{y}) + b^2(y_j - \overline{y})^2) \\
&= a^2 s_{xx} + b^2 s_{yy} + 2ab s_{xy}
\end{aligned}$$

第 3 章

問題 3–1 以下の解答は一例である (**図 3.A1**). 乱数を使っているので, 結果は毎回異なる.

```
x1 <- rnorm(100,mean=100,sd=10)
y1 <- rnorm(100,mean=100,sd=10)
x2 <- rnorm(100,mean=150,sd=10)
y2 <- rnorm(100,mean=150,sd=10)
plot(x1,y1,xlim=c(70,180),ylim=c(70,180),xlab="",ylab="")
par(new=TRUE)
plot(x2,y2,xlim=c(70,180),ylim=c(70,180),xlab="x", ylab="y", pch=16)
```

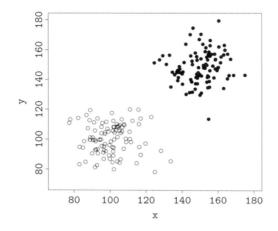

図 3.A1: 相関のないデータを混ぜて相関の高いデータを作る

それぞれの相関係数を計算してみると次のようになり, x1, y1 の相関係数は -0.04302373, x2, y2 の相関係数は 0.1173046 であり, 0 に近いのに対し, x1 と x2 をつないだベクトル x と, y1 と y2 をつないだベクトル y の相関係数は, 0.8562409 と大きくなり正の相関が現れる.

```
> cor(x1,y1)
[1] -0.04302373
> cor(x2,y2)
[1] 0.1173046
> x <- c(x1,x2)
> y <- c(y1,y2)
> cor(x,y)
[1] 0.8562409
```

問題 3–2 各自試みよ.

問題 3–3 高等学校の学力水準が異なるため, 同じ評定平均でも学力水準が異なる. 学力水準の高い高等学校における評定平均 3.8 と学力水準の低い高等学校における評定平均 3.8 では同程度の学力ではなく, 一般に前者の方が学力が高い. このように同じ評定平均でも異なる学力の学生が混在することによって, 相関係数が小さくなったと考えられる.

問題 3–4 $S = \frac{1}{n-1}M^T M$ は実対称行列である. S の固有値 λ に属する固有ベクトル $\boldsymbol{u}$ をとると,

問題解答　　161

$$\lambda(\boldsymbol{u}, \boldsymbol{u}) = (S\boldsymbol{u}, \boldsymbol{u}) = (\boldsymbol{u}, S\boldsymbol{u}) = (\boldsymbol{u}, \lambda\boldsymbol{u}) = \overline{\lambda}(\boldsymbol{u}, \boldsymbol{u})$$

であり，固有ベクトルは零ベクトルではないから，$\lambda = \overline{\lambda}$ でなければならない．これは λ が実数であることを示している．また，

$$\begin{aligned}
\lambda\|\boldsymbol{u}\|^2 &= (\lambda\boldsymbol{u}, \boldsymbol{u}) \\
&= (S\boldsymbol{u}, \boldsymbol{u}) \\
&= \frac{1}{n-1}(M^T M \boldsymbol{u}, \boldsymbol{u}) \\
&= \frac{1}{n-1}(M\boldsymbol{u}, M\boldsymbol{u}) \\
&= \frac{1}{n-1}\|M\boldsymbol{u}\|^2 \geq 0
\end{aligned}$$

が成り立つ．固有ベクトルは零ベクトルではないので，$\lambda \geq 0$ でなければならない．

$n > m$ のとき M の核 (kernel)，すなわち $M\boldsymbol{u} = \boldsymbol{0}$ となる $\boldsymbol{u}$ 全体は非零ベクトルを含む．この非零ベクトルを $\boldsymbol{v}$ とすると，$M^T(M\boldsymbol{v}) = M^T\boldsymbol{0} = \boldsymbol{0}$ であるから，$S\boldsymbol{v} = \boldsymbol{0}$ となる．これは $\boldsymbol{v}$ が固有値 0 に属する固有ベクトルであることを示している．

第 4 章

問題 4–1 　1 より大きくなることがある．例えば，$[0, 1/2]$ 上の一様分布に従う確率変数 X の場合，その密度関数は，

$$f(x) = \begin{cases} 2 & 0 \leq x \leq 1/2 \\ 0 & \text{その他} \end{cases}$$

となり，確率密度の値は，$0 \leq x \leq 1/2$ において 2 となり 1 よりも大きくなる．値の範囲を狭くとれば，確率密度はいくらでも大きな値になりうる．

問題 4–2 　Ω の部分集合の個数を数えればよい．部分集合の要素の数を $r\ (0 \leq r \leq k)$ とするとき，$r = 0$ 個の場合は，$\emptyset$ の 1 つだけであることに注意すれば，要素が r 個の部分集合の個数は，k 個の中から r 個とる組み合わせの数 ${}_k\mathrm{C}_r$ に一致する．つまり事象の個数は，二項定理より，

$$\sum_{r=0}^{k} {}_k\mathrm{C}_r = (1+1)^k = 2^k$$

となる．

問題 4–3

$$\begin{aligned}
P(A^c \cap B^c) &= P((A \cup B)^c) \\
&= 1 - P(A \cup B) \\
&= 1 - (P(A) + P(B) - P(A \cap B)) \\
&= 1 - P(A) - P(B) + P(A)P(B) \\
&= (1 - P(A)) - P(B)(1 - P(A)) \\
&= (1 - P(A))(1 - P(B)) = P(A^c)P(B^c)
\end{aligned}$$

問題 4–4 　起こりえない．理由は以下のとおりである．

事象 A と B が背反であるから，$P(A \cup B) = P(A) + P(B)$ が成り立つ．さらに独立であるから，$P(A \cap B) = P(A)P(B)$ が成り立つ．$P(A \cap B) = P(\emptyset) = 0$ であるから，$P(A)P(B) = 0$ となり，$P(A)$ か $P(B)$ の少なくとも一方は 0 でなければならないからである．

問題 4–5 　一例を示す．1, 2, 3, 4 という 4 つの数字が書かれたカードから等確率 $(1/4)$ でランダムに 1 枚を取り出す．このとき，取り出したカードが 1 か 2 である事象を A，2 か 3 である事象を B，3 か 1 であ

162　問題解答

る事象を C とする．このとき，$P(A \cap B) = P(\{2\}) = 1/4$, $P(B \cap C) = P(\{3\}) = 1/4$, $P(A \cap B) = P(\{1\}) = 1/4$ であるが，$P(A) = 1/2$, $P(B) = 1/2$, $P(C) = 1/2$ であるから，$P(A \cap B) = P(A)P(B)$, $P(B \cap C) = P(B)P(C)$, $P(C \cap A) = P(C)P(A)$ が全て成り立つ．一方，$A \cap B \cap C = \emptyset$ であるから，$P(A \cap B \cap C) = P(\emptyset) = 0 \neq 1/8 = P(A)P(B)P(C)$ となるので，A, B, C は独立ではない．

問題 4–6 $P(A \cup B) = P(A) + P(B) - P(A \cap B) \leq P(A) + P(B)$ である．これは，集合の個数を増やしても成立することに注意すると，

$$P(\cup_{j=1}^{n} A_j^c) \leq \sum_{j=1}^{n} P(A_j^c) \tag{4.A1}$$

が成り立つ．式 (4.3) より，

$$
\begin{aligned}
P(\cap_{j=1}^{n} A_j) &= 1 - P((\cap_{j=1}^{n} A_j)^c) \\
&= 1 - P(\cup_{j=1}^{n} A_j^c) \\
&\geq 1 - \sum_{j=1}^{n} P(A_j^c)
\end{aligned}
$$

が成り立つ．

問題 4–7

$$
\begin{aligned}
P(A) &= P((A \cap C^c) \cup (A \cap C)) \\
&= P(A \cap C^c) + P(A \cap C) \\
&= P(B \cap C^c) + P(A \cap C) \\
&\leq P(B) + P(C)
\end{aligned}
$$

であるから，$P(A) - P(B) \leq P(C)$ である．同様に，

$$
\begin{aligned}
P(B) &= P((B \cap C^c) \cup (B \cap C)) \\
&= P(B \cap C^c) + P(B \cap C) \\
&= P(A \cap C^c) + P(B \cap C) \\
&\leq P(A) + P(C)
\end{aligned}
$$

であるから，$P(B) - P(A) \leq P(C)$ であることがわかる．両者を合わせれば，$|P(A) - P(B)| \leq P(C)$ が得られる．

問題 4–8 k 回目で 6 が出る確率は $k-1$ 回までは 6 が出ず，k 回目で 6 が出る確率なので，$\left(\frac{5}{6}\right)^{k-1} \cdot \frac{1}{6}$ である．よって，初めて 6 が出るまでの回数の期待値は次のように定義される．

$$E(X) = \lim_{n \to \infty} \sum_{k=1}^{n} \left(\frac{5}{6}\right)^{k-1} \cdot \frac{1}{6} \cdot k$$

ここで，$f_n(x)$ を

$$0 < x < 1, \quad f_n(x) = \sum_{k=1}^{n} k x^{k-1} = 1 + 2x + 3x^2 + \cdots + n x^{n-1}$$

と定義すると，

$$x f_n(x) = \sum_{k=1}^{n} k x^k = x + 2x^2 + 3x^3 + \cdots + (n-1)x^{n-1} + n x^n$$

よって

$$f_n(x) - x f_n(x) = 1 + x + 2x^2 + 3x^3 + \cdots + (n-1)x^{n-1} - n x^n = \frac{1 - x^n}{1 - x} - n x^n$$

となる．$\lim_{n \to \infty} f_n(x) = f(x)$ と書くことにすると，

$$f(x) - xf(x) = \frac{1}{1-x} \quad (\because \quad 0 < x < 1, \ nx^n \to 0)$$

$$f(x) = \frac{1}{(1-x)^2}$$

よって，求める期待値は

$$\frac{1}{6}f\left(\frac{5}{6}\right) = \frac{1}{6} \cdot \frac{1}{\left(1 - \frac{5}{6}\right)} = 6$$

(注)

$$0 < x < 1, \quad \lim_{n \to \infty} nx^n = 0$$

を示す．

$x = \frac{1}{1+h} \ (h > 0)$ とおくと，

$$nx^n = n\left(\frac{1}{1+h}\right)^n = \frac{n}{(1+h)^n}$$

また，

$$(1+h)^n = 1 + nh + \frac{n(n-1)}{2!}h^2 + \frac{n(n-1)(n-2)}{3!}h^3 + \cdots > \frac{n(n-1)}{2!}h^2$$

よって

$$0 < nx^n < \frac{n}{\frac{n(n-1)}{2!}h^2} = \frac{2!}{(n-1)h^2}$$

ここで $n \to \infty$ とすると，

$$\frac{2!}{(n-1)h^2} = 0$$

よって，$\lim_{n \to \infty} nx^n = 0$

[問題 4–9] デフォルトで $n = 100$，$a = 1$，$b = 10$ とした関数の一例は以下のとおり．

```
discunif <- function(n=100,a=1,b=10){
  dur <- as.integer(runif(n,a,b))
  return(dur)
}
```

実行例は次のとおり．

```
> discunif(10,3,10)
 [1] 5 7 9 7 6 5 3 8 3 9
```

[問題 4–10] 極座標変換 $x = r\cos\theta$，$y = r\sin\theta$ とするとヤコビアンは r であるから，

$$\frac{1}{\pi}\int_{-\infty}^{\infty}\int_{-\infty}^{\infty}\frac{dxdy}{(1+x^2+y^2)^2} = \frac{1}{\pi}\int_{0}^{\infty}\left(\int_{0}^{2\pi}\frac{r}{(1+r^2)^2}d\theta\right)dr$$

$$= 2\int_{0}^{\infty}\frac{r}{(1+r^2)^2}dr$$

$$= 2\left[-\frac{1}{2}\cdot\frac{1}{1+r^2}\right]_{0}^{\infty} = 1$$

[問題 4–11] $x = \tan\theta$ と変数変換すると，求める積分は，

$$\frac{1}{2}\int_{-\infty}^{\infty}\frac{dx}{(1+x^2)^{3/2}} = \int_{0}^{\pi/2}\frac{1}{(1+\cos^2\theta)^{3/2}}\cdot\frac{d\theta}{\cos^2\theta}$$

$$= \int_{0}^{\pi/2}\cos\theta = [\sin\theta]_{0}^{\pi/2} = 1$$

第 5 章

問題 5–1 条件より確率変数 X の確率密度関数 f_X が以下のように与えられる．

$$f_X(x) = \begin{cases} 1 & 0 \le x \le 1 \\ 0 & \text{その他} \end{cases}$$

$F_Y(x)$ を Y の累積分布関数とする．$0 < x < 1$ とする．

$$\begin{aligned} F_Y(x) &= P(Y \le x) = \int_{-\infty}^{x} f_Y(s)ds = \int_0^x f_Y(s)ds \\ &= P(\sqrt{X} \le x) \\ &= P(X \le x^2) = \int_{-\infty}^{x^2} f_X(s)ds = \int_0^{x^2} f_X(s)ds = \int_0^{x^2} 1 ds \\ &= x^2 \end{aligned}$$

よって，求める確率密度関数は $f_Y(x) = F_Y'(x) = 2x$ となる．ヒストグラムとグラフは**図 5.A1** で，これを描くスクリプトは以下のとおり．

```
x <- runif(100000)
y <- sqrt(x)
hist(y,prob=TRUE)
curve(2*x,0,1,add=TRUE)
```

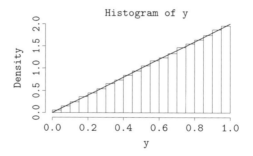

図 5.A1：0 から 1 までの範囲の値をとる一様乱数の平方根の分布

問題 5–2 条件より，確率変数 X の確率密度関数 f_X が以下のように与えられる．

$$f_X(x) = \begin{cases} 1 & 0 \le x \le 1 \\ 0 & \text{その他} \end{cases}$$

$F_Y(x)$ を Y の累積分布関数とする．$0 < x < 1$ とする．

$$\begin{aligned} F_Y(x) &= P(Y \le x) = \int_{-\infty}^{x} f_Y(s)ds = \int_0^x f_Y(s)ds \\ &= P(-\log(1-X) \le x) = P(\log(1-X) \ge -x) = P(1 - X \ge e^{-x}) \\ &= P(X \le 1 - e^{-x}) = \int_{-\infty}^{1-e^{-x}} f_X(s)ds = \int_0^{1-e^{-x}} f_X(s)ds = \int_0^{1-e^{-x}} 1 ds \\ &= 1 - e^{-x} \end{aligned}$$

よって，求める確率密度関数は $f_Y(x) = F_Y'(x) = e^{-x}$ となる．ヒストグラムとグラフは**図 5.A2** で，これを描くスクリプトは以下のとおり．

```
x <- runif(100000)
y <- -log(1-x)
hist(y,prob=TRUE)
curve(exp(-x),0,10,add=TRUE)
```

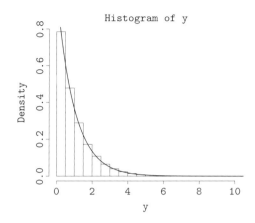
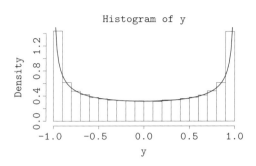

図 5.A2：0 から 1 までの範囲の値をとる一様乱数 x の $-\log(1-x)$ の分布

図 5.A3：$-\pi/2$ から $\pi/2$ までの範囲の値をとる一様乱数の正弦の分布

問題 5–3 条件より，確率変数 X の確率密度関数 f_X が以下のように与えられる．

$$f_X(x) = \begin{cases} \dfrac{1}{\pi} & -\dfrac{\pi}{2} < x < \dfrac{\pi}{2} \\ 0 & \text{その他} \end{cases}$$

$F_Y(x)$ を Y の累積分布関数とする．$-1 < x < 1$ とする．

$$\begin{aligned} F_Y(x) &= P(Y \leq x) = \int_{-\infty}^{x} f_Y(s)ds = \int_{-1}^{x} f_Y(s)ds \\ &= P(\sin X \leq x) \\ &= P(X \leq \sin^{-1} x) = \int_{-\infty}^{\sin^{-1} x} f_X(s)ds = \int_{-\frac{\pi}{2}}^{\sin^{-1} x} f_X(s)ds \\ &= \int_{-\frac{\pi}{2}}^{\sin^{-1} x} \frac{1}{\pi} ds \\ &= \frac{1}{\pi} \sin^{-1} x + \frac{1}{2} \end{aligned}$$

よって，求める確率密度関数は $f_Y(x) = F_Y'(x) = \dfrac{1}{\pi\sqrt{1-x^2}}$ となる．ヒストグラムとグラフは**図 5.A3**で，これを描くスクリプトは以下のとおり．

```
x <- runif(100000,min=-pi/2,max=pi/2)
y <- sin(x)
hist(y,prob=TRUE)
curve(1/sqrt(1-x^2)/pi,-1,1,add=TRUE)
```

問題 5–4 (1)
$$I^2 = \left(\int_{-\infty}^{\infty} e^{-ax^2} dx\right)\left(\int_{-\infty}^{\infty} e^{-ax^2} dy\right) = \int_{-\infty}^{\infty}\int_{-\infty}^{\infty} e^{-a(x^2+y^2)} dx dy$$

(2) 積分領域は $r \geq 0$, $0 \leq \theta < 2\pi$, ヤコビアン $\dfrac{\partial(x,y)}{\partial(r,\theta)}$ は r になるので，

166　問題解答

$$I^2 = \int_0^\infty \left(\int_0^{2\pi} re^{-ar^2} d\theta \right) dr$$

(3) (2) を用いて I^2 を計算すると次のようになる.

$$\begin{aligned}
I^2 &= \int_0^\infty \left(\int_0^{2\pi} re^{-ar^2} d\theta \right) dr \\
&= 2\pi \int_0^\infty re^{-ar^2} dr \\
&= 2\pi \left[-\frac{1}{2a} e^{-ar^2} \right]_0^\infty = \frac{\pi}{a}
\end{aligned}$$

I の被積分関数は正であるから,$I > 0$ である.よって,求める積分 I は,$I = \sqrt{\dfrac{\pi}{a}}$ となる.

[問題 5–5]　積率母関数は,$t < \lambda$ のとき定義できて,以下のようになる.

$$M_X(t) = \int_0^\infty e^{tx} \lambda e^{-\lambda x} dx = \left[\frac{\lambda}{t - \lambda} e^{(t-\lambda)x} \right]_0^\infty = \frac{\lambda}{\lambda - t}$$

k 次のモーメントを計算するには,$M^{(k)}(t)$ を求めればよいが,

$$M_X(t) = \frac{1}{1 - \frac{t}{\lambda}} = \sum_{k=0}^\infty \left(\frac{t}{\lambda} \right)^k$$

となるから,$\dfrac{M_X^{(k)}(0)}{k!} = \dfrac{1}{\lambda^k}$ となる.よって,求めるモーメントは $E(X^k) = \dfrac{k!}{\lambda^k}$ である.

[問題 5–6]　積率母関数は,以下のようになる.

$$M_X(t) = \int_a^b \frac{e^{tx}}{b - a} dx = \frac{e^{bt} - e^{at}}{bt - at}$$

$t = 0$ では分母が 0 になるので直接定義できないが,分子をマクローリン展開すると,

$$e^{bt} - e^{at} = (b - a)t + \frac{1}{2!}(b^2 - a^2)t^2 + \frac{1}{3!}(b^3 - a^3)t^3 + \cdots$$

となるので,これを $(b - a)t$ で割って,

$$M_X(t) = 1 + \frac{1}{2!} \frac{b^2 - a^2}{b - a} t + \frac{1}{3!} \frac{b^3 - a^3}{b - a} t^2 + \cdots$$

とすれば,これは $t = 0$ も含め全ての実数に対して定義できる.よって,

$$M_X(t) = M_X(0) + M_X'(0)t + \frac{1}{2!} M_X''(0)t^2 + \cdots$$

と係数を比較して,

$$\begin{aligned}
E(X) &= M_X'(0) = \frac{1}{2!} \frac{b^2 - a^2}{b - a} = \frac{a + b}{2} \\
E(X^2) &= M_X''(0) = \frac{1}{3!} \cdot 2! \frac{b^3 - a^3}{b - a} = \frac{a^2 + ab + b^2}{3}
\end{aligned}$$

となる.分散は,以下のように計算できる.

$$V(X) = E(X^2) - E(X)^2 = \frac{a^2 + ab + b^2}{3} - \frac{(a + b)^2}{4} = \frac{1}{12}(b - a)^2$$

第 6 章

[問題 6–1]　省略.

[問題 6–2]　省略.

問題解答　167

問題 6-3　積率母関数は次のようになる.

$$M_X(t) = E(e^{tX})$$
$$= \sum_{k=0}^{\infty} e^{tk} \frac{\lambda^k}{k!} e^{-\lambda}$$
$$= \sum_{k=0}^{\infty} \frac{(\lambda e^t)^k}{k!} e^{-\lambda}$$
$$= e^{\lambda e^t} e^{-\lambda} = e^{\lambda(e^t-1)}$$

よって, $M_X'(t) = \lambda e^t e^{\lambda(e^t-1)}$ となるので, $t=0$ とすれば, 期待値 $E(X) = M_X'(0) = \lambda$ が得られる.

さらに,

$$M_X''(t) = \lambda(e^t e^{\lambda(e^t-1)})'$$
$$= \lambda(e^t e^{\lambda(e^t-1)} + \lambda e^{2t} e^{\lambda(e^t-1)})$$
$$= \lambda e^t e^{\lambda(e^t-1)}(1 + \lambda e^t)$$

であるから, $E(X^2) = M_X''(0) = \lambda + \lambda^2$ となり, $V(X) = E(X^2) - E(X)^2 = (\lambda + \lambda^2) - \lambda^2 = \lambda$ となることがわかる.

問題 6-4　X, Y がそれぞれパラメータ λ_1, λ_2 を持つポアソン分布に従うものとする. このとき, $X+Y$ の積率母関数は $e^{\lambda_1(e^t-1)} e^{\lambda_2(e^t-1)} = e^{(\lambda_1+\lambda_2)(e^t-1)}$ となる. これはパラメータ $\lambda_1 + \lambda_2$ のポアソン分布であり, ポアソン分布が再生性を持つことが示された.

問題 6-5　(6.7) の値を計算するには, $E(X)$ に $1-p$ を掛けて, これを元の $E(X)$ から引けばよい. 第 n 項までの部分和を $S_n = \sum_{k=1}^{n}(1-p)^{k-1}$ とおくと,

$$S_n - (1-p)S_n = p\sum_{k=1}^{n-1}(1-p)^{k-1} + np(1-p)^n$$
$$= p\frac{1-(1-p)^n}{1-(1-p)} + np(1-p)^n$$

となるが, $\lim_{n\to\infty} n(1-p)^n = 0$ であるから,

$$\lim_{n\to\infty} S_n = \frac{1}{1-(1-p)} = \frac{1}{p}$$

となる. よって, $E(X) = 1/p$ が得られる ($\lim_{n\to\infty} n(1-p)^n = 0$ については問題 4-8 の解答にて証明してある).

問題 6-6　(6.5)

$$_{r+k-1}\mathrm{C}_k = (-1)^k {}_{-r}\mathrm{C}_k$$

を思い出そう. (6.6) より, 負の二項分布に従う確率変数 X の積率母関数は,

$$M_X(t) = E(e^{tX})$$
$$= \sum_{k=0}^{\infty} e^{tk} {}_{r+k-1}\mathrm{C}_k p^r (1-p)^k$$
$$= \sum_{k=0}^{\infty} e^{tk} (-1)^k {}_{-r}\mathrm{C}_k p^r (1-p)^k$$
$$= p^r \sum_{k=0}^{\infty} {}_{-r}\mathrm{C}_k (-(1-p)e^t)^k \cdot 1^{-r-k}$$
$$= p^r (1-(1-p)e^t)^{-r} \quad ((1-p)e^t < 1)$$

168 問題解答

となる．よって，$M_X'(t) = r(1-p)e^t p^r (1-(1-p)e^t)^{-r-1}$, $M_X''(t) = M_X'(t) + r(r+1)(1-p)^2 e^{2t} p^r (1-(1-p)e^t)^{-r-2}$ となるから，$E(X) = M_X'(0) = r(1-p)p^r p^{-r-1} = r(1-p)/p$,

$$
\begin{aligned}
V(X) &= E(X^2) - E(X)^2 \\
&= M_X''(0) - r^2(1-p)^2/p^2 \\
&= r(1-p)/p + r(r+1)(1-p)^2/p^2 - r^2(1-p)^2/p^2 \\
&= r(1-p)/p + r(1-p)^2/p^2 \\
&= r(1-p)/p^2
\end{aligned}
$$

第7章

問題 7–1　積率母関数 $M_X(t) = E(e^{tX})$ は，以下のようにして求められる．

$$
\begin{aligned}
M_X(t) &= \frac{1}{\sqrt{2\pi}\sigma} \int_{-\infty}^{\infty} e^{tx} e^{-\frac{(x-\mu)^2}{2\sigma^2}} dx \\
&= \frac{1}{\sqrt{2\pi}\sigma} \int_{-\infty}^{\infty} e^{tx - \frac{(x-\mu)^2}{2\sigma^2}} dx \\
&= \frac{1}{\sqrt{2\pi}\sigma} \int_{-\infty}^{\infty} e^{-\frac{x^2 - 2\mu x + \mu^2 - 2t\sigma^2 x}{2\sigma^2}} dx \\
&= \frac{1}{\sqrt{2\pi}\sigma} \int_{-\infty}^{\infty} e^{-\frac{(x-(\mu+t\sigma^2))^2 + \mu^2 - (\mu+t\sigma^2)^2}{2\sigma^2}} dx \\
&= \frac{1}{\sqrt{2\pi}\sigma} \int_{-\infty}^{\infty} e^{-\frac{(x-(\mu+t\sigma^2))^2 - 2t\mu\sigma^2 - t^2\sigma^4}{2\sigma^2}} dx \\
&= \frac{1}{\sqrt{2\pi}\sigma} \int_{-\infty}^{\infty} e^{-\frac{(x-(\mu+t\sigma^2))^2}{2\sigma^2} + \mu t + \frac{t^2\sigma^2}{2}} dx \\
&= \frac{1}{\sqrt{2\pi}\sigma} e^{\mu t + \frac{t^2\sigma^2}{2}} \int_{-\infty}^{\infty} e^{-\frac{(x-(\mu+t\sigma^2))^2}{2\sigma^2}} dx \\
&= \frac{1}{\sqrt{2\pi}\sigma} e^{\mu t + \frac{t^2\sigma^2}{2}} \int_{-\infty}^{\infty} e^{-\frac{x^2}{2\sigma^2}} dx \\
&= \frac{1}{\sqrt{2\pi}\sigma} e^{\mu t + \frac{t^2\sigma^2}{2}} \cdot \sqrt{2\pi}\sigma \quad \left(\because \int_{-\infty}^{\infty} e^{-ax^2} dx = \sqrt{\frac{\pi}{a}} \ \ (a > 0)\right) \\
&= e^{\mu t + \frac{t^2\sigma^2}{2}}
\end{aligned}
$$

ここで，$M_X(t)$ を t で微分する．

$$
\begin{aligned}
M_X'(t) &= e^{\mu t + \frac{t^2\sigma^2}{2}} (\mu + \sigma^2 t) \\
M_X''(t) &= (\mu + \sigma^2 t)' e^{\mu t + \frac{t^2\sigma^2}{2}} + M_X'(t)(\mu + \sigma^2 t) \\
&= \sigma^2 e^{\mu t + \frac{t^2\sigma^2}{2}} + M_X'(t)(\mu + \sigma^2 t)
\end{aligned}
$$

よって，

$$
\begin{aligned}
M_X'(0) &= e^0 \mu = \mu \\
M_X''(0) &= \sigma^2 e^0 + M_X'(0)\mu \\
&= \sigma^2 + \mu^2
\end{aligned}
$$

以上から，期待値 $E(X)$ は次のようになる．

$$
E(X) = M_X'(0) = e^0 \mu = \mu
$$

また $E(X^2) = M_X''(0)$ から，分散 $V(X)$ は次のようになる．

$$
V(X) = E(X^2) - E(X)^2 = \sigma^2 + \mu^2 - \mu^2 = \sigma^2
$$

問題 7-2 $M_Y(t) = E(e^{tY}) = e^{\mu t + \frac{1}{2}\sigma^2 t^2}$ であるから, $E(X) = M_Y(1) = e^{\mu + \frac{1}{2}\sigma^2}$,
$$\begin{aligned} V(X) &= E(X^2) - E(X)^2 \\ &= M_Y(2) - M_Y(1)^2 \\ &= e^{2\mu + 2\sigma^2} - e^{2\mu + \sigma^2} \\ &= e^{2\mu + \sigma^2}(e^{\sigma^2} - 1) \end{aligned}$$

問題 7-3 `meanlog` を μ, `sdlog` を σ とすれば, $m = e^{\mu + \frac{\sigma^2}{2}}$, $s^2 = e^{2\mu + \sigma^2}(e^{\sigma^2} - 1)$ となる. $s^2 = m^2(e^{\sigma^2} - 1)$ と書けるので, これを σ について解くと, $\sigma = \sqrt{\log\left(1 + \dfrac{s^2}{m^2}\right)}$ となる. これより, $\mu = \log m - \dfrac{1}{2}\log\left(1 + \dfrac{s^2}{m^2}\right)$ であることもわかる.

以上を利用すれば, 平均 m, 標準偏差 s の対数正規分布に従う乱数を生成する関数は, 例えば以下のようになる.

```
rlognormal <- function(nsize = 10, mean = 1, sd = 1){
  a <- log(1+sd^2/mean^2)
  mean_log <- log(mean) - 0.5*a
  sd_log <- sqrt(a)
  return(rlnorm(nsize, meanlog = mean_log, sdlog = sd_log))
}
```

```
> x <- rlognormal(10000,mean=10,sd=3)
> hist(x,prob=TRUE)
```
とした結果が**図 7.A1** である.

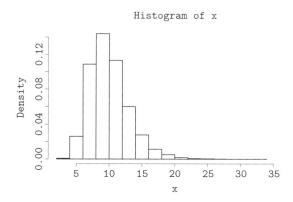

図 7.A1：rlognormal の動作例

問題 7-4 問題 7-2 によれば, $N(\mu, \sigma^2)$ に従う確率変数 Y の積率母関数は, $M_Y(t) = e^{\mu t + \frac{1}{2}\sigma^2 t^2}$ となる. よって, X の k 次のモーメントは $E(X^k) = M_Y(k) = e^{\mu k + \frac{1}{2}\sigma^2 k^2}$ と書ける. $m = E(X) = e^{\mu + \frac{1}{2}\sigma^2}$ とすると,
$$\begin{aligned} E((X-m)^3) &= E(X^3 - 3mX^2 + 3m^2 X - m^3) \\ &= E(X^3) - 3mE(X^2) + 3m^2 E(X) - m^3 \\ &= e^{3\mu + \frac{9}{2}\sigma^2} - 3e^{\mu + \frac{1}{2}\sigma^2} e^{2\mu + 2\sigma^2} + 3e^{2\mu + \sigma^2} e^{\mu + \frac{1}{2}\sigma^2} - e^{3\mu + \frac{3}{2}\sigma^2} \end{aligned}$$

170 問題解答

$$= e^{3\mu + \frac{9}{2}\sigma^2} - 3e^{3\mu + \frac{5}{2}\sigma^2} + 3e^{3\mu + \frac{3}{2}\sigma^2} - e^{3\mu + \frac{3}{2}\sigma^2}$$
$$= e^{3\mu + \frac{9}{2}\sigma^2} - 3e^{3\mu + \frac{5}{2}\sigma^2} + 2e^{3\mu + \frac{3}{2}\sigma^2}$$
$$= e^{3\mu + \frac{3}{2}\sigma^2}(e^{3\sigma^2} - 3e^{\sigma^2} + 2)$$
$$= e^{3\mu + \frac{3}{2}\sigma^2}(e^{\sigma^2} - 1)^2(e^{\sigma^2} + 2)$$

となるから，これを問題 7–2 で求めた標準偏差 $e^{\mu + \frac{1}{2}\sigma^2}\sqrt{e^{\sigma^2} - 1}$ の三乗で割れば歪度が求まる．

$$\frac{e^{3\mu + \frac{3}{2}\sigma^2}(e^{\sigma^2} - 1)^2(e^{\sigma^2} + 2)}{(e^{\mu + \frac{1}{2}\sigma^2}\sqrt{e^{\sigma^2} - 1})^3}$$
$$= \sqrt{e^{\sigma^2} - 1}(e^{\sigma^2} + 2)$$

$\boxed{\text{問題 7–5}}$ 指数分布では，$f(t) = \lambda e^{-\lambda t}$, $F(t) = 1 - e^{-\lambda t}$ であるから，

$$\lambda(t) = \frac{f(t)}{1 - F(t)}$$
$$= \frac{\lambda e^{-\lambda t}}{1 - (1 - e^{-\lambda t})}$$
$$= \frac{\lambda e^{-\lambda t}}{e^{-\lambda t}} = \lambda$$

となり，ハザードレートは一定であることがわかる．ワイブル分布では，$f(t) = \frac{k}{\lambda}\left(\frac{t}{\lambda}\right)^{k-1} e^{-\left(\frac{t}{\lambda}\right)^k}$, $F(t) = 1 - e^{-\left(\frac{t}{\lambda}\right)^k}$ であるから，

$$\lambda(t) = \frac{f(t)}{1 - F(t)}$$
$$= \frac{\frac{k}{\lambda}\left(\frac{t}{\lambda}\right)^{k-1} e^{-\left(\frac{t}{\lambda}\right)^k}}{1 - (1 - e^{-\left(\frac{t}{\lambda}\right)^k})}$$
$$= \frac{\frac{k}{\lambda}\left(\frac{t}{\lambda}\right)^{k-1} e^{-\left(\frac{t}{\lambda}\right)^k}}{e^{-\left(\frac{t}{\lambda}\right)^k}}$$
$$= \frac{k}{\lambda}\left(\frac{t}{\lambda}\right)^{k-1}$$

$\boxed{\text{問題 7–6}}$ $\lambda(t)$ が与えられたとする．確率分布の累積密度関数を $F(t)$ とすれば，ハザードレートと $F(t)$ の関係は，次のようになる．

$$\frac{F'(t)}{1 - F(t)} = \lambda(t) \tag{7.A1}$$

$F(-\infty) = 0$ に注意して，(7.A1) の両辺を t で積分すれば，以下のようになる．

$$-\log(1 - F(t)) = \int_{-\infty}^{t} \lambda(s)ds \tag{7.A2}$$

(7.A2) を書き直せば，

$$F(t) = 1 - e^{-\int_{-\infty}^{t} \lambda(s)ds}$$

となり $F(t)$ が再現される．ここで $H(t) = \int_{-\infty}^{t} \lambda(s)ds$ は累積ハザード関数と呼ばれる．

$\boxed{\text{問題 7–7}}$

$$E(X) = \int_{0}^{\infty} x f(x)dx$$
$$= \lambda \int_{0}^{\infty} x e^{-\lambda x}dx$$

$$= \lambda \int_0^\infty x \left(-\frac{1}{\lambda} e^{-\lambda x} \right)' dx$$

$$= \lambda \left[-x \cdot \frac{1}{\lambda} e^{-\lambda x} \right]_0^\infty - \lambda \int_0^\infty \left(-\frac{1}{\lambda} e^{-\lambda x} \right) dx$$

$$= \int_0^\infty e^{-\lambda x} dx \quad (\because \quad \lambda > 0, \lim_{x \to \infty} x/e^{\lambda x} = 0)$$

$$= \left[-\frac{1}{\lambda} e^{-\lambda x} \right]_0^\infty = \frac{1}{\lambda}$$

$$E(X^2) = \int_0^\infty x^2 f(x) dx$$

$$= \lambda \int_0^\infty x^2 e^{-\lambda x} dx$$

$$= \lambda \int_0^\infty x^2 \left(-\frac{1}{\lambda} e^{-\lambda x} \right)' dx$$

$$= \lambda \left[-x^2 \cdot \frac{1}{\lambda} e^{-\lambda x} \right]_0^\infty - \lambda \int_0^\infty \left(-\frac{2x}{\lambda} e^{-\lambda x} \right) dx$$

$$= 2 \int_0^\infty x e^{-\lambda x} dx \quad (\because \quad \lambda > 0, \lim_{x \to \infty} x^2/e^{\lambda x} = 0)$$

$$= \frac{2}{\lambda} E(X) = \frac{2}{\lambda^2}$$

より，期待値は $E(X) = 1/\lambda$ であり，分散は $V(X) = E(X^2) - E(X)^2 = 2/\lambda^2 - 1/\lambda^2 = 1/\lambda^2$ である．

問題 7-8 X がパラメータ $\lambda > 0$ の指数分布に従うとすると，

$$P(X \geq t) = \int_t^\infty \lambda e^{-\lambda x} dx = \left[-e^{-\lambda x} \right]_t^\infty = e^{-\lambda t}$$

となる．条件付き確率の定義から，

$$P(X \geq t_1 + t_2 | X \geq t_1) = \frac{P(X \geq t_1 + t_2)}{P(X \geq t_1)}$$

$$= \frac{e^{-\lambda(t_1 + t_2)}}{e^{-\lambda t_1}}$$

$$= e^{-\lambda t_2} = P(X \geq t_2).$$

問題 7-9 $x \geq 0$ のとき，$P(X \leq x) = P(\sqrt{X} \leq x) = P(X \leq x^2) = \int_0^{x^2} e^{-t} dt = 1 - e^{-x^2}$ となる．この両辺を微分して，確率密度関数

$$f(x) = 2x e^{-x^2}$$

が得られる．$x < 0$ のときは 0 である．

問題 7-10 形式的な積率母関数の級数表示は，以下のようになる．

$$M_X(t) = E(e^{tX}) = \sum_{n=0}^\infty \frac{(\lambda t)^n}{n!} \Gamma \left(1 + \frac{n}{k} \right)$$

隣り合う項の係数の比の絶対値は，以下のとおり．

$$L_n = \left| \frac{\frac{(\lambda t)^{n+1}}{(n+1)!} \Gamma \left(1 + \frac{n+1}{k} \right)}{\frac{(\lambda t)^n}{n!} \Gamma \left(1 + \frac{n}{k} \right)} \right|$$

$$= \frac{|\lambda t|}{n+1} \frac{\Gamma \left(1 + \frac{n+1}{k} \right)}{\Gamma \left(1 + \frac{n}{k} \right)}$$

172　問題解答

スターリングの公式 (問題 13–1 参照) より,

$$\Gamma\left(1+\frac{n+1}{k}\right) \sim \sqrt{2\pi}\left(\frac{n+1}{k}\right)^{\frac{n+1}{k}+\frac{1}{2}} e^{-\frac{n+1}{k}}$$

$$\Gamma\left(1+\frac{n}{k}\right) \sim \sqrt{2\pi}\left(\frac{n}{k}\right)^{\frac{n}{k}+\frac{1}{2}} e^{-\frac{n}{k}}$$

であるから,

$$
\begin{aligned}
L_n &\sim \frac{|\lambda t|}{n+1}\frac{\sqrt{2\pi}\left(\frac{n+1}{k}\right)^{\frac{n+1}{k}+\frac{1}{2}} e^{-\frac{n+1}{k}}}{\sqrt{2\pi}\left(\frac{n}{k}\right)^{\frac{n}{k}+\frac{1}{2}} e^{-\frac{n}{k}}} \\
&= \frac{|\lambda t|}{n+1}(n+1)^{\frac{1}{k}}\left(1+\frac{1}{n}\right)^{\frac{n}{k}+\frac{1}{2}}\frac{1}{(ek)^{\frac{1}{k}}} \\
&\to |\lambda t|\lim_{n\to\infty}(n+1)^{1-\frac{1}{k}}\frac{1}{k^{\frac{1}{k}}} \quad (n\to\infty)
\end{aligned}
$$

となる. よって, $k < 1$ のときは $\lim_{n\to\infty} L_n = \infty$ であるから, 収束半径は 0. $k = 1$ のときは $\lim_{n\to\infty} L_n = |\lambda t|$ であるから, 収束半径は $1/\lambda$ となる. $k > 1$ のときは $\lim_{n\to\infty} L_n = 0$ であるから, 収束半径は ∞ となる.

問題 7–11　$f(x)$ を $-\infty$ から x まで積分すればよい.

$$
\begin{aligned}
F(x) &= \int_{-\infty}^{x}\frac{1}{\pi}\frac{\gamma}{\gamma^2+(y-x_0)^2}dy \\
&= \left[\frac{1}{\pi}\tan^{-1}\left(\frac{y-x_0}{\gamma}\right)\right]_{-\infty}^{x} \\
&= \frac{1}{2}+\frac{1}{\pi}\tan^{-1}\left(\frac{x-x_0}{\gamma}\right)
\end{aligned}
$$

問題 7–12　Y の累積分布関数を $F(x)$ とする. このとき,

$$
\begin{aligned}
F(x) &= P(Y \le x) \\
&= P(\tan X \le x) \\
&= P(X \le \tan^{-1} x) \\
&= \frac{1}{\pi}\int_{-\pi/2}^{\tan^{-1} x}dx \\
&= \frac{1}{\pi}\left(\tan^{-1} x+\frac{\pi}{2}\right)
\end{aligned}
$$

となるから, $f(x) = F'(x) = \frac{1}{\pi}\frac{1}{1+x^2}$ となる. これはコーシー分布に他ならない.

第 8 章

問題 8–1　問題 6–6 より, X, Y の積率母関数は, それぞれ, $M_X(t) = p^{r_1}(1-(1-p)e^t)^{-r_1}$, $M_Y(t) = p^{r_2}(1-(1-p)e^t)^{-r_2}$ となる. よって,

$$
\begin{aligned}
M_{X+Y}(t) &= M_X(t)M_Y(t) \\
&= p^{r_1}(1-(1-p)e^t)^{-r_1}p^{r_2}(1-(1-p)e^t)^{-r_2} \\
&= p^{r_1+r_2}(1-(1-p)e^t)^{-(r_1+r_2)}.
\end{aligned}
$$

これは, $\mathrm{NB}(r_1+r_2, p)$ の積率母関数に他ならない.

問題 8–2　X, Y は 1 以上の値をとるので, $X+Y = x \ge 2$ である.

$$P(X+Y=x) = \sum_{i+j=x}P(X=i)P(Y=j)$$

$$= \sum_{i=2}^{x} P(X=i)P(Y=x-i)$$

$$= \sum_{i=2}^{x} p(1-p)^{i-1}p(1-p)^{(x-i)-1}$$

$$= \sum_{i=2}^{x} p^2(1-p)^{x-2}$$

$$= p^2(x-1)(1-p)^{x-2}$$

問題 8–3 8.6 節，定理 10 の証明より，自由度 k のカイ二乗分布に従う確率変数 X の積率母関数は，

$$M_X(t) = \frac{1}{(1-2t)^{k/2}}$$

であるから，

$$M_X'(t) = \frac{k}{(1-2t)^{k/2+1}}$$

$$M_X''(t) = \frac{k(k+2)}{(1-2t)^{k/2+2}}$$

が得られる．よって，期待値は $M_X'(0) = k$，分散は $M_X''(0) - M_X'(0)^2 = k(k+2) - k^2 = 2k$ となる．

問題 8–4 積率母関数は，$t < 1/\theta$ とするとき，

$$M_X(t) = E(e^{tX})$$

$$= \frac{1}{\Gamma(k)\theta^k} \int_0^\infty e^{tx} x^{k-1} e^{-\frac{x}{\theta}} dx$$

$$= \frac{1}{\Gamma(k)\theta^k} \int_0^\infty x^{k-1} e^{-\left(\frac{1}{\theta}-t\right)x} dx$$

で与えられるが，$y = \left(\frac{1}{\theta} - t\right)x$ とおけば，

$$M_X(t) = \frac{1}{\Gamma(k)\theta^k} \left(\frac{\theta}{1-\theta t}\right)^k \int_0^\infty y^{k-1} e^{-y} dy$$

$$= \frac{1}{\Gamma(k)\theta^k} \left(\frac{\theta}{1-\theta t}\right)^k \Gamma(k)$$

$$= \frac{1}{(1-\theta t)^k}$$

が得られる．

$$M_X'(t) = \frac{k\theta}{(1-\theta t)^{k+1}}$$

$$M_X''(t) = \frac{k(k+1)\theta^2}{(1-\theta t)^{k+1}}$$

であるから，$E(X) = M_X'(0) = k\theta$，$E(X^2) = M_X''(0) = k(k+1)\theta^2$ であり，$V(X) = E(X^2) - E(X)^2 = k(k+1)\theta^2 - k^2\theta^2 = k\theta^2$ となる．

問題 8–5 ヒストグラムは省略する．

分布はしだいにハンドベル型の分布に近付いていく（第 10 章の中心極限定理も参照のこと）．

問題 8–6 $X_1, X_2, \ldots, X_k$ がそれぞれ平均 $1/\lambda$ の指数分布に従うから，$X = X_1 + X_2 + \cdots + X_k$ の期待値は（独立かどうかによらず）$E(X) = E(X_1) + E(X_2) + \cdots + E(X_k) = k/\lambda$ である．分散は $X_1, X_2, \ldots, X_k$ が独立であることより，

$$V(X) = V(X_1) + V(X_2) + \cdots + V(X_k) = k/\lambda^2$$

174 問題解答

となることがわかる.

問題 8–7 $k = 3$ の場合を考える. $S_3 = X_1 + X_2 + X_3$ の分布は, $x \geq 3$ として,

$$P(S_3 = X + S_2 = x) = \sum_{i=1}^{x-2} P(X = i)P(S_2 = x - i)$$

$$= \sum_{i=1}^{x-2} p(1-p)^{i-1} p^2 ((x-i) - 1)(1-p)^{(x-i)-2}$$

$$= p^3 (1-p)^{x-3} \sum_{i=1}^{x-2} (x - i - 1)$$

$$= p^3 (1-p)^{x-3} (1 + 2 + \cdots + (x-2))$$

$$= \frac{1}{2}(x-2)(x-1)p^3 (1-p)^{x-3}$$

次に $k = 4$ の場合を考える. $S_4 = X_1 + X_2 + X_3 + X_4$ の分布は, $x \geq 4$ として,

$$P(S_4 = X + S_3 = x)$$

$$= \sum_{i=1}^{x-3} P(X = i)P(S_3 = x - i)$$

$$= \sum_{i=1}^{x-3} p(1-p)^{i-1} \frac{1}{2}((x-i) - 2)((x-i) - 1)p^3 (1-p)^{(x-i)-3}$$

$$= \frac{1}{2}p^4 (1-p)^{x-4} \sum_{i=1}^{x-3} ((x-i) - 2)((x-i) - 1)$$

$$= \frac{1}{2}p^4 (1-p)^{x-4} \sum_{i=1}^{x-3} i(i+1)$$

$$= \frac{1}{2}p^4 (1-p)^{x-4} \frac{1}{3}(x-3)(x-2)(x-1)$$

$$= \frac{1}{3!}(x-3)(x-2)(x-1)p^4 (1-p)^{x-4}$$

よって, 一般に, $x \geq k$ に対し,

$$P(S_k = x) = \frac{1}{(k-1)!} \left(\prod_{j=1}^{k-1} (x-j) \right) p^k (1-p)^{x-k} \tag{8.A1}$$

が成り立つと予想される. 帰納法で示す. $k = 1$ では正しい. k で正しいとする. $x \geq k+1$ とすれば,

$$P(S_{k+1} = X + S_k = x)$$

$$= \sum_{i=1}^{x-k} P(X = i)P(S_k = x - i)$$

$$= \sum_{i=1}^{x-k} p(1-p)^{i-1} \frac{1}{(k-1)!} \left(\prod_{j=1}^{k-1} ((x-i) - j) \right) p^k (1-p)^{(x-i)-k}$$

$$= \frac{1}{(k-1)!} p^{k+1} (1-p)^{x-(k+1)} \sum_{i=1}^{x-k} \left(\prod_{j=1}^{k-1} ((x-i) - j) \right)$$

$$= \frac{1}{(k-1)!} p^{k+1} (1-p)^{x-(k+1)} \frac{1}{k} \prod_{j=1}^{k} (x-j)$$

となり, $k+1$ でも正しいことがわかる. ここで, 一般に,

問題解答　175

$$\sum_{i=1}^{n} i(i+1)\cdots(i+(k-1)) = \frac{1}{k}n(n+1)\cdots(n+k)$$

が成り立つことを使った．(8.A1) がアーラン分布の離散版にあたる．

問題 8–8　女性の数学と科学の成績の標準偏差を σ とすると，男性の標準偏差は 1.2σ となる．平均値 μ は同じであるから，それぞれの分布は $\mathrm{N}(\mu, \sigma^2)$, $\mathrm{N}(\mu, (1.2\sigma)^2)$ である．このとき，男女を合わせた分布 (男女比率が $1:1$ であると仮定する) は，両者が独立であると考えれば，正規分布の再生性より $\mathrm{N}(\mu, (\sigma^2+(1.2\sigma)^2)/2) = \mathrm{N}(\mu, 1.22\sigma^2)$ となる．つまり男女を合わせた分布の標準偏差は，$\sqrt{1.22}\sigma$ である．この標準偏差の 4 倍以上の女性の比率を F，男性の比率を M とすると，それぞれ，

$$F = \int_{\mu+4\sqrt{1.22}\sigma}^{\infty} \frac{1}{\sqrt{2\pi}\sigma} e^{-\frac{(x-\mu)^2}{2\sigma^2}} dx$$
$$= \int_{4\sqrt{1.22}}^{\infty} \frac{1}{\sqrt{2\pi}} e^{-\frac{y^2}{2}} dy$$
$$M = \int_{\mu+4\sqrt{1.22}\sigma}^{\infty} \frac{1}{\sqrt{2\pi}\cdot1.2\sigma} e^{-\frac{(x-\mu)^2}{2\cdot(1.2\sigma)^2}} dx$$
$$= \int_{\frac{4\sqrt{1.22}}{1.2}}^{\infty} \frac{1}{\sqrt{2\pi}} e^{-\frac{z^2}{2}} dz$$

これらの比率の比を R で計算すると，

```
> s <- 4*sqrt(1.22)
> pnorm(s/1.2,lower=FALSE)/pnorm(s,lower=FALSE)
[1] 23.26474
```

となり，23 倍にも達することがわかる．5 : 1 というのはかなり控えめな比率である．イアン・エアーズも著書[11]にて，「平均値から標準偏差 3.5 から 4 離れたところでは，標準偏差が 2 割違えば，男性は女性の 20 倍はいることになる．」と同様のことを述べている．

```
> s <- 2.8*sqrt(1.22)
> pnorm(s/1.2,lower=FALSE)/pnorm(s,lower=FALSE)
[1] 5.021061
```

であるから，平均より 2.8 標準偏差以上 (偏差値 78 以上) とすればほぼ 5 : 1 となる．

第 9 章

問題 9–1

$$\sigma^2 = \int_{-\infty}^{\infty} (x-\mu)^2 P(dx)$$
$$= \int_{|x-\mu|>\epsilon} (x-\mu)^2 P(dx) + \int_{|x-\mu|\le\epsilon} (x-\mu)^2 P(dx)$$
$$\ge \int_{|x-\mu|>\epsilon} (x-\mu)^2 P(dx)$$
$$\ge \int_{|x-\mu|>\epsilon} \epsilon^2 P(dx)$$
$$= \epsilon^2 \int_{|x-\mu|>\epsilon} P(dx) = \epsilon^2 P(|X-\mu|>\epsilon)$$

ここで，$P(dx)$ は，確率 (測度) を表す．確率密度 $f(x)$ が存在する場合は，$f(x)dx$ と解釈すればよい．$P(dx)$ と表現しておけば，必ずしも確率密度が存在しない場合でも通用するので便利である．

問題 9–2　証明

$$m_k = \int_{-\infty}^{\infty} |x-\mu|^k P(dx)$$

$$\geq \int_{|x-\mu|>\epsilon} |x-\mu|^k P(dx)$$
$$\geq \int_{|x-\mu|>\epsilon} \epsilon^k P(dx)$$
$$= \epsilon^k \int_{|x-\mu|>\epsilon} P(dx)$$
$$= \epsilon^k P(|X-\mu|>\epsilon) \qquad \Box$$

問題 9–3 (1) $[a,b]$ に台を持つ連続一様分布に従う確率変数の期待値は，$(a+b)/2$ であるから，

$$P\left(\left|S_n - \frac{n(a+b)}{2}\right| \geq t\right) \leq \exp\left(-\frac{2t^2}{n(b-a)^2}\right)$$

となる．

(2) $Z_n = \frac{1}{n}\sum_{j=1}^n X_j$ とおく．$E(Z_n) = \mu$ である．Hoeffding の不等式より，

$$P(|Z_n - \mu| > \epsilon) = P(|S_n - n\mu| > n\epsilon)$$
$$\leq 2\exp\left(-\frac{2(n\epsilon)^2}{n(b-a)^2}\right)$$
$$= 2\exp\left(-\frac{2n\epsilon^2}{(b-a)^2}\right)$$

となる．この不等式の右辺は，$n \to \infty$ で 0 に収束するので左辺も 0 に収束する．

チェビシェフの不等式では，$P(|Z_n - \mu| > \epsilon) \leq \frac{\sigma^2}{n\epsilon^2}$ であったから，右辺の収束の速さは $1/n$ のオーダーである．Hoeffding の不等式では，指数関数のオーダーであり，収束が速い．これは，確率変数の値の範囲が a, b でおさえられていることの効果である．

問題 9–4 (1) 図 **9.A1** のようになる．R スクリプトは以下のとおり．

```
x <- runif(10000,0,1)
y <- runif(10000,0,2)
plot(x, y, col = ifelse((x^2+(y-1)^2<1)&((x-2)^2+y^2<4),
        "black", "white"), pch = 20,xlim=c(0,2),ylim=c(0,2),asp=1)
```

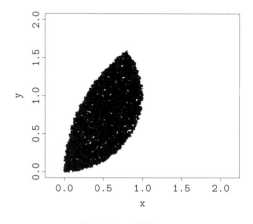
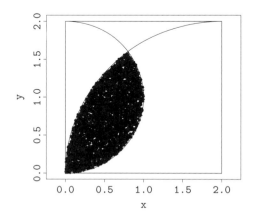

図 **9.A1**：領域 D 図 **9.A2**：正方形 S と円 C_1 および円 C_2

(2) 面積は，次のようにして求まる．

```
> 2*sum((x^2+(y-1)^2<1)&((x-2)^2+y^2<4))/10000
[1] 0.9502
```

(3) 図 **9.A2** のようになる．R スクリプトは以下のとおり．

```
plot.circle <- function(a, b, r, st, ed){
+ theta <- seq(st, ed, length=100)
+ points(a + r*cos(theta), b + r*sin(theta),type="l",asp=1)
+ }

> plot.circle(0,1,1,-1/2*pi, 1/2*pi)
> plot.circle(2,0,2,1/2*pi, pi)
> rect(0,0, 2,2)
```

(4) 2 つの円の $(0,0)$ ではない交点は，$(4/5, 8/5)$ になるから，**図 9.A3** のようになる．R スクリプトは以下のとおり．

```
> segments(0,1,2,0)
> segments(4/5,8/5,2,0)
> segments(0,1, 4/5,8/5)
```

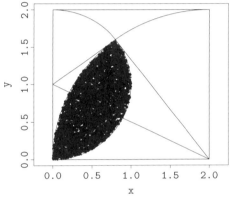

図 **9.A3**：三角形 T と C_1 および円 C_2　　　　図 **9.A4**：三角形と円の交点

(5) 円と三角形の交点に，**図 9.A4** のように a から d までの記号を割り振る．このとき四角形 abcd の面積は三角形 bcd の面積 $(2 \times 1 \div 2)$ の 2 倍なので 2 である．また，扇 acd の面積は $2^2 \times \theta = 4\theta$ であり，扇 abc の面積は $1^2 \times (\frac{1}{2}\pi - \theta) = \frac{1}{2}\pi - \theta$ である．よって，領域 D の面積は $3\theta + \frac{1}{2}\pi - 2$．

(6) 角 bda $= \theta$ なので，$\theta = \tan^{-1}\frac{1}{2}$ である．また，(2) の答えは 0.9502 なので，$0.9502 \approx 3\theta + \frac{1}{2}\pi - 2$，$\pi = 3.14$ が成り立つ．これを解くと，$3\theta = 1.3802$，$\theta = 0.46$ となる．よって，$\tan^{-1}\frac{1}{2} \approx 0.46$ [rad]．

第 10 章

問題 10–1 以下のようにする．図は省略する．うまく重ならないはずである．

```
x <- rexp(1000*3,rate=5)
xm3 <- matrix(x,nrow=1000,ncol=3)
z3 <- apply(xm3,1,mean)
hist(z3,xlim=c(0,0.60), ylim=c(0,5),prob=TRUE,ylab="")
par(new=TRUE)
plot(function(x)dnorm(x,mean=mean(z3),sd=sd(z3)),
        xlim=c(0,0.60),ylim=c(0,5),xlab="", ylab="",lwd=2)
```

178　問題解答

問題 10–2　証明　$Z_1, Z_2, \ldots, Z_n$ を独立かつ $\mathrm{Bi}(1,p)$ に従う確率変数とする．このとき，Z の平均 $\mu = p$ であり，標準偏差は $\sigma = \sqrt{p(1-p)}$ であり，$X_n = Z_1 + Z_2 + \cdots + Z_n$ が成り立つことに注意すると，中心極限定理より，

$$\frac{X_n - np}{\sqrt{np(1-p)}} = \frac{1}{\sqrt{n}} \sum_{j=1}^{n} \frac{Z_j - p}{\sqrt{p(1-p)}} = \sum_{j=1}^{n} \frac{Z_j - \mu}{\sigma}$$

の分布は，$n \to \infty$ で $\mathrm{N}(0,1)$ に収束する．

問題 10–3　例えば以下のスクリプトを実行する．出力結果は 10 に近い数字になるはずである．

```
MAD <- function(x){
  m <- median(abs(x-median(x)))*1.4826
  return(m)
}

x <- rnorm(100000,50,10)
print(MAD(x))
```

問題 10–4　被積分関数 e^{itX} の絶対値（複素数としての絶対値）は 1 であるので，特性関数は常に存在する．一方，積率母関数は $t > 0$ のとき，

$$M_X(t) = E(e^{tX}) = \frac{1}{\pi} \int_{-\infty}^{\infty} \frac{e^{tx}}{1+x^2} dx \geq \frac{1}{\pi} \int_{1}^{\infty} \frac{e^{tx}}{1+1^2} dx = \frac{1}{2\pi} \left[\frac{1}{t} e^{tx} \right]_{1}^{\infty} = \infty$$

となり，無限大に発散する．$t < 0$ のときも同様にして無限大に発散することがわかる．

特性関数を求める．複素関数論における留数定理を用いた標準的な積分計算[*1]により，

$$\phi(t) = \frac{1}{\pi} \int_{-\infty}^{\infty} \frac{e^{itx}}{1+x^2} dx = e^{-|t|}$$

となる（フーリエ解析をご存じの読者は，フーリエ逆変換の公式を想起し，右辺のフーリエ変換がコーシー分布の密度関数になると理解してもよいだろう）．

問題 10–5　前問より，各 X_j/n の特性関数は，

$$\phi(t) = \frac{1}{\pi} \int_{-\infty}^{\infty} \frac{e^{itx/n}}{1+x^2} dx = e^{-|t|/n}$$

となる．独立な確率変数の特性関数は積になるので，$\mu_n = X_1/n + X_2/n + \cdots + X_n/n$ の特性関数は，$\phi_S(t) = (e^{-|t|/n})^n = e^{-|t|}$ となる．これは位置母数 0，形状母数 1 のコーシー分布の特性関数である．特性関数と確率分布は 1 対 1 に対応しているから，μ_n は位置母数 0，形状母数 1 のコーシー分布に従う．

第 11 章

問題 11–1　正規分布の場合のみ示す．乱数を使っているので結果は毎回異なる．
```
> nrandom <- rnorm(10000,10,2)
> library(MASS)
> fitdistr(nrandom,"normal")
```

[*1]　留数定理を用いてもよいが，被積分関数を

$$f(z) = \frac{e^{itz}}{1+z^2} = \frac{1}{2i} \left(\frac{e^{itz}}{z-i} - \frac{e^{itz}}{z+i} \right)$$

と分解してコーシーの積分公式を使ってもよい．

```
      mean              sd
  10.00859497       1.99596860
 ( 0.01995969)   ( 0.01411363)
```

問題 11–2 $L(\theta)$ を尤度関数とする．$\tau = f(\theta)$ とする．f は単調であるから，f は逆関数を持つ．よって，$\theta = f^{-1}(\tau)$ であり，尤度関数 $L(\theta) = L(f^{-1}(\tau))$ と書ける．

$$\frac{dL}{d\theta} = \frac{dL}{d\tau}\frac{d\tau}{d\theta}$$

となり，$\frac{d\theta}{d\tau}$ は仮定より定符号 (単調増加なら正，単調減少なら負のまま) であるから，$\frac{dL}{d\theta} = 0$ と $\frac{dL}{d\tau} = 0$ とは同値である．よって，$f(\theta)$ の最尤推定量は $f(\hat{\theta})$ である．

問題 11–3 尤度は，$L = {}_n\mathrm{C}_r p^r (1-p)^{n-r}$ であるから，対数尤度は，

$$l = \log L = \log {}_n\mathrm{C}_r + r\log p + (n-r)\log(1-p) \tag{11.A1}$$

となる．(11.A1) の両辺を p で微分すると，

$$\frac{\partial l}{\partial p} = \frac{r}{p} - \frac{n-r}{1-p} = 0$$

となり，これを解けば $\hat{p} = r/n$ となる．

第 12 章

問題 12–1 標本平均が不偏性を持つことは明らかなので，有効性を示す．平均 $\lambda > 0$ を持つポアソン分布 $P(X;\lambda) = \frac{\lambda^X}{X!}e^{-\lambda}$ のフィッシャー情報量 $I(\lambda)$ は，

$$\begin{aligned}
I(\lambda) &= E\left(\left(\frac{\partial}{\partial \lambda}\log P(X;\lambda)\right)^2\right) \\
&= E\left(\left(\frac{\partial}{\partial \lambda}\left(\log \frac{\lambda^X}{X!} + \log e^{-\lambda}\right)\right)^2\right) \\
&= E\left(\left(\frac{X}{\lambda} - 1\right)^2\right) \\
&= \frac{1}{\lambda^2}E((X-\lambda)^2) = \frac{1}{\lambda^2}V(X) = \frac{1}{\lambda^2}\cdot\lambda = \frac{1}{\lambda}
\end{aligned}$$

となるから，クラメール＝ラオの下限は，$\frac{1}{nI(\lambda)} = \lambda/n$ となる．これは標本平均 $\hat{\lambda} = \frac{1}{n}\sum_{j=1}^{n}X_j$ の分散に等しいから，$\hat{\lambda}$ は，λ の有効推定量である．

問題 12–2
```
> logL <- function(r,n,p) return(log(choose(n,r))+r*log(p)+(n-r)*log(1-p))
> optimize(logL,n=12,r=5,lower=0,upper=1,maximum=TRUE)
$maximum
[1] 0.4166705

$objective
[1] -1.475758
```

第 13 章

問題 13–1 **証明** スターリングの公式より，

$$\Gamma((\nu+1)/2) = \Gamma((\nu-1)/2 + 1) \sim \sqrt{2\pi}\left(\frac{\nu-1}{2}\right)^{(\nu+1)/2}e^{-(\nu-1)/2} \quad (\nu \to \infty)$$

180　問題解答

$$\Gamma(\nu/2) = \Gamma((\nu-2)/2+1) \sim \sqrt{2\pi}\left(\frac{\nu-2}{2}\right)^{\nu/2} e^{-(\nu-2)/2} \quad (\nu \to \infty)$$

であるから,

$$\begin{aligned}
\lim_{\nu\to\infty} \frac{\Gamma((\nu+1)/2)}{\sqrt{\nu\pi}\Gamma(\nu/2)} &= \lim_{\nu\to\infty} \frac{1}{\sqrt{\pi}}\left(\frac{\nu-1}{\nu}\right)^{1/2}\left(\frac{\nu-1}{\nu-2}\right)^{\nu/2}\frac{1}{\sqrt{2e}} \\
&= \lim_{\nu\to\infty} \frac{1}{\sqrt{\pi}}\left(\frac{\nu-1}{\nu}\right)^{1/2}\left(1+\frac{1}{\nu-2}\right)^{\nu/2}\frac{1}{\sqrt{2e}} \\
&= \lim_{\nu\to\infty} \frac{1}{\sqrt{\pi}}\left(\frac{\nu-1}{\nu}\right)^{1/2}\left(1+\frac{1}{\nu-2}\right)^{(\nu-2)/2+1}\frac{1}{\sqrt{2e}} \\
&= \frac{1}{\sqrt{\pi}}\cdot\sqrt{e}\cdot\frac{1}{\sqrt{2e}} = \frac{1}{\sqrt{2\pi}}
\end{aligned}$$

□

$\boxed{\text{問題 13--2}}$ (13.6) より,

$$f'(t) = -\frac{\nu+1}{\nu}\cdot\frac{\Gamma((\nu+1)/2)}{\sqrt{\nu\pi}\Gamma(\nu/2)}t\left(1+\frac{t^2}{\nu}\right)^{-(\nu+3)/2}$$

$$f''(t) = \frac{(\nu+1)(\nu+2)}{\nu^2}\cdot\frac{\Gamma((\nu+1)/2)}{\sqrt{\nu\pi}\Gamma(\nu/2)}\left(t^2-\frac{\nu}{\nu+2}\right)\left(1+\frac{t^2}{\nu}\right)^{-(\nu+5)/2}$$

となるから, 求める変曲点を与える t の値は,

$$t = \pm\sqrt{\frac{\nu}{\nu+2}}$$

$\boxed{\text{問題 13--3}}$ (13.6) より, 平均は 0 であるから, 分散は, 積分

$$\sigma^2 = \frac{\Gamma((\nu+1)/2)}{\sqrt{\nu\pi}\Gamma(\nu/2)}\int_{-\infty}^{\infty} t^2\left(1+\frac{t^2}{\nu}\right)^{-(\nu+1)/2}dt$$

で与えられる. $s = \left(1+\frac{t^2}{\nu}\right)^{-1}$ とおけば,

$$ds = -\frac{2}{\nu}\frac{t}{\left(1+\frac{t^2}{\nu}\right)^2}dt$$

であるから,

$$dt = -\frac{\sqrt{\nu}}{2}\frac{ds}{s^{3/2}\sqrt{1-s}}$$

となる. また, $t^2 = \nu\left(\frac{1-s}{s}\right)$ であるから,

$$\begin{aligned}
&\int_{-\infty}^{\infty} t^2\left(1+\frac{t^2}{\nu}\right)^{-(\nu+1)/2}dt \\
&= 2\int_0^1 \nu\left(\frac{1-s}{s}\right)s^{(\nu+1)/2}\frac{\sqrt{\nu}}{2}\frac{ds}{s^{3/2}\sqrt{1-s}} \\
&= \nu^{3/2}\int_0^1 s^{(\nu-2)/2-1}(1-s)^{3/2-1}ds \\
&= \nu^{3/2}B((\nu-2)/2,3/2) \\
&= \nu^{3/2}\frac{\Gamma((\nu-2)/2)\Gamma(3/2)}{\Gamma((\nu+1)/2)} \\
&= \nu^{3/2}\frac{\sqrt{\pi}}{2}\frac{\Gamma((\nu-2)/2)}{\Gamma((\nu+1)/2)}
\end{aligned}$$

よって,

$$\sigma^2 = \frac{\Gamma((\nu+1)/2)}{\sqrt{\nu\pi}\Gamma(\nu/2)}\nu^{3/2}\frac{\sqrt{\pi}}{2}\frac{\Gamma((\nu-2)/2)}{\Gamma((\nu+1)/2)}$$

$$= \frac{\nu}{2} \frac{1}{\nu/2 - 1} = \frac{\nu}{\nu - 2}$$

が得られる.

問題 13–4 自由度 ν の t 分布の確率密度は,

$$h(t) = \left(1 + \frac{t^2}{\nu}\right)^{-\frac{\nu+1}{2}}$$

に比例する. $|t| > M > 0$ に対しては, 明らかに

$$h(t) \geq \left(1 + \frac{M^2}{\nu}\right)^{-\frac{\nu+1}{2}}$$

であるから,

$$\int_{|s|>M} e^{ts} h(s) ds \geq \left(1 + \frac{M^2}{\nu}\right)^{-\frac{\nu+1}{2}} \int_{|s|>M} e^{ts} ds$$

となる. $t \neq 0$ のとき, 明らかに右辺は発散する. これは, t 分布の積率母関数が存在しないことを意味する.

別証明 もし, 積率母関数が存在すれば全ての次数のモーメントが存在することになるが, t 分布の確率密度関数は $h(s)$ に比例するので, 遠方で $|s|^{-(\nu+1)}$ オーダーで減衰するから, $k > \nu$ 次以上のモーメントを持たない. これは積率母関数が存在しないことを意味する.

問題 13–5 省略.

第14章

問題 14–1 各自試みよ.

問題 14–2 ウェルチの t 検定を行う.
```
> young <- c(35, 29, 29, 28, 27, 26, 24, 23, 17, 14)
> old <- c(19, 19, 16, 15, 15, 14, 14, 13, 12, 10)
> t.test(young,old)


Welch Two Sample t-test


data:  young and old
t = 4.9333, df = 12.696, p-value = 0.000293
alternative hypothesis: true difference in means is not equal to 0
95 percent confidence interval:
  5.890717 15.109283
sample estimates:
mean of x mean of y
     25.2      14.7
```

となり, P 値が 0.000293 で5%を下回るので, テストの平均点が同じである, という帰無仮説は棄却される.

問題 14–3 ウェルチの t 検定を行う.
```
> young2 <- c(15, 15, 15, 15, 15, 15, 14, 14, 12, 11)
> old2 <- c(15, 14, 13, 13, 13, 13, 13, 13, 12, 12)
> t.test(young2,old2)


Welch Two Sample t-test
```

182 問題解答

```
data:  young2 and old2
t = 1.8677, df = 14.799, p-value = 0.08173
alternative hypothesis: true difference in means is not equal to 0
95 percent confidence interval:
 -0.1425593  2.1425593
sample estimates:
mean of x mean of y
     14.1      13.1
```

となり，P 値が 0.08173 で 5% を上回るので，テストの平均点が同じである，という帰無仮説を棄却できない．両者の違いが偶然によるものである可能性を否定できない．

問題 14–4 　睡眠薬使用後の睡眠時間と使用前の睡眠時間に対して対応のある片側検定を行う．

```
> none <- sleep$extra[sleep$group==1]
> sopo <- sleep$extra[sleep$group==2]
> t.test(sopo,none,paired=TRUE,alternative="greater")


Paired t-test

data:  sopo and none
t = 4.0621, df = 9, p-value = 0.001416
alternative hypothesis: true difference in means is greater than 0
95 percent confidence interval:
 0.8669947        Inf
sample estimates:
mean of the differences
                   1.58
```

となるので，有意差がある．つまり「睡眠薬 2 を投与した場合の睡眠時間の増加量が睡眠薬 1 を投与した場合の睡眠時間の増加量以下である」という帰無仮説 H_0 は棄却される．睡眠薬 2 (group 2) が睡眠薬 1 (group 1) よりも睡眠時間を伸ばす効果があると考えられる．

問題 14–5 　クリップボードに A (statistics test タブの B 列 2 行から B 列 127 行まで)，B (statistics test タブの C 列 2 行から B 列 105 行まで) を格納して処理を行う．

(a)

```
> A <- scan("clipboard")
Read 126 items
> mean(A)
[1] 86.03175
> sd(A)
[1] 10.77622
> B <- scan("clipboard")
Read 104 items
> mean(B)
[1] 79.75962
> sd(B)
[1] 16.22625
> median(A)
[1] 90
```

```
> median(B)
[1] 85
```
(b) 以下のようにする．結果は，**図 14.A1** のとおり．
```
boxplot(A,B,names=c("A","B"))
```

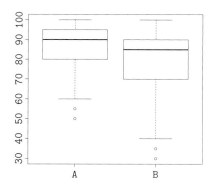

図 14.A1：A，B クラスの統計学の成績

(c) 帰無仮説 H_0 を「A，B の平均が同じである」とする．ウェルチの t 検定を行うと，
```
> t.test(A,B)

        Welch Two Sample t-test

data:  A and B
t = 3.3752, df = 172.777, p-value = 0.0009109
alternative hypothesis: true difference in means is not equal to 0
95 percent confidence interval:
 2.604233 9.940028
sample estimates:
mean of x mean of y
 86.03175  79.7596
```
となるから，P 値は 0.0009109 でしかなく，帰無仮説 H_0 は棄却される．

$\boxed{\text{問題 14-6}}$
```
> before <- c(18,12,16,15,20)
> after <- c(15,13,14,11,17)
> d <- before - after
> t.test(d,alternative="greater")

        One Sample t-test

data:  d
t = 2.5574, df = 4, p-value = 0.0314
alternative hypothesis: true mean is greater than 0
95 percent confidence interval:
 0.3661161       Inf
sample estimates:
```

184　問題解答

```
mean of x
      2.2
```

となり，同じ信頼区間，同じ P 値が得られることが確認できた．

問題 14–7　信頼区間に含まれるかどうかを P 値が 0.05 未満になるかどうかで判定する．

```
count <- 0
for(i in 1:10000){
  x <- rnorm(10,50,10)
  count <- count + (t.test(x,mu=50)$p.value<0.05)
}
print(count)
```

のようにすればよい．結果は毎回異なる．

第15章

問題 15–1　40 グラムは，0.04 キログラムで 4 トンは 4000 キログラムであるからその比は，$4000/0.04 = 100000$ である．よって標準代謝量の比は，$100000^{3/4} = 5623.413$ となる．体重が 10 万倍になっても代謝は約 5600 倍にしかならない．

問題 15–2　$f(x) = \dfrac{1}{1+x^2}$ は条件 (1)，(2)，(3) を満足する．

問題 15–3　(13.6) より，$|t|$ が十分大きいとき

$$
\begin{aligned}
f(t) &= \frac{\Gamma((\nu+1)/2)}{\sqrt{\nu\pi}\Gamma(\nu/2)}\left(1+\frac{t^2}{\nu}\right)^{-(\nu+1)/2} \\
&\sim \frac{\Gamma((\nu+1)/2)}{\sqrt{\nu\pi}\Gamma(\nu/2)}\left(\frac{t^2}{\nu}\right)^{-(\nu+1)/2} \\
&= \frac{\nu^{(\nu+1)/2}\Gamma((\nu+1)/2)}{\sqrt{\nu\pi}\Gamma(\nu/2)}|t|^{-(\nu+1)}
\end{aligned}
$$

となるから，$P_{\geq}(t)$ のオーダーは，$|t|^{-\nu}$ となる．よって，求めるパレート指数は ν である．

問題 15–4　省略．本文の方法を真似てやってみよう．

問題 15–5
```
> data("moby", package = "poweRlaw")
> m <- displ$new(moby)
> est_m <- estimate_xmin(m)
> m$setXmin(est_m)
> plot(m)
> lines(m, col = 2)
> m
Reference class object of class "displ"
Field "xmin":
[1] 7
Field "pars":
[1] 1.952728
Field "no_pars":
[1] 1
```

とすると，**図 15.A1** が得られる．

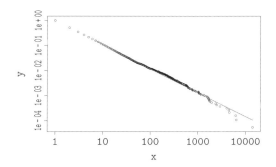

図 15.A1：moby の単語頻度の両対数グラフ

指数 α の推定値は，1.952728 である．

索　引

あ
アーラン分布 83

い
位置母数 72
一様分布 47
一般化ゼータ関数 145
因果関係 32

お
オブジェクト 4

か
階級 5
　　　——数 5
　　　——の幅 5
カイ二乗分布 84
ガウス型減衰 143
ガウス分布 67
確率 41
　　　——変数 41
　　　——密度関数 44
片側対立仮説 133
偏りのないコーエンの d 138
頑健 (ロバスト) 13
ガンマ分布 82

き
偽陰性 132
幾何分布 42, 62
幾何平均 7
棄却 130
　　　——域 133
期待値 46
帰無仮説 130
95%信頼区間 21, 117
q 分位点 48
偽陽性 132
共分散 20
　　　——行列 37

く
空事象 40
グーテンベルグ・リヒターの法則 . . 143
区間推定 117
クラメール＝ラオの下限 111
クラメール＝ラオの不等式 111

け
経験分布関数 147
形状母数 73, 82
k 次のモーメント 46
結合確率関数 44
結合確率密度関数 45
結合分布 44
検出力 132
ケンドールの順位相関係数 24
ケンドールのタウランク距離 24

こ
効果量 137
コーエンの d 138
コーシー分布 72
コルモゴロフ・スミルノフ距離 . . . 147

さ
再生性 80
採択域 133
最頻値 13
最尤原理 102
最尤推定法 101
算術平均 7
散布図 19
　　　——行列 35
サンプルサイズ 4

し
GR 則 143
事象 40
指数型減衰 144
指数分布 69
四分位偏差 (IQR) 11
尺度母数 72, 73, 82
周辺確率密度関数 45
周辺分布 45
条件付き確率 42
小標本 119
情報量不等式 111
震度 141
信頼水準 117

す
スケールフリー性 143
スコア統計量 113
スコットの選択法 8

裾が重い 144	
裾が太い 144	
スタージェスの公式 8	
スピアマンの順位相関係数 23	

せ

正規分布 67
　　　　——の再生性 82
　　　　対数—— 68
　　　　多変量—— 76
生命表 75
積事象 40
積率母関数 (モーメント母関数) ... 53
切断効果 32
Z 値 16
尖度 17
選抜効果 32

そ

相関行列 37
相関係数 19
相対度数 5

た

第一種の過誤 132
対数差分 148
対数正規分布 68
大数の法則 87
対数尤度 102
　　　　——関数 102
第二種の過誤 132
大標本 117
対立仮説 130
畳み込み 81
多変量正規分布 76

ち

チェビシェフの不等式 87
中央値 10
中心極限定理 94
　　　　リンデベルグの—— 97
調和平均 7

つ

対標本 134

て

t 分布 119
データフレーム 83
点推定 101

と

統計的因果推論 32
統計的仮説検定 130
独立 43
度数 5
ド・モアブル＝ラプラスの定理 68

に

二項分布 58
　　　　——の再生性 81

は

排反事象 42
箱ひげ図 11
パスカル分布 64
外れ値 13
バブルソート距離 24
パレート指数 144

ひ

ピアソンの積率相関係数 19
b 値 143
P 値 21, 131
ヒストグラム 5
標準得点 16
標準偏差 5
標本空間 40
標本点 40
標本平均 6
頻度解析 91

ふ

フィッシャー情報量 109
フィッシャーのスコア法 113
負の二項分布 64
部分事象 40
不偏共分散 20
不偏推定量 104
不偏分散 6
フリードマン＝ダイアコニスの選択法 .. 8
分散 5
　　　　——共分散行列 37

へ

平均値 5
平均偏差 16
ベーレンス・フィッシャー問題 136
べき型減衰 144
べき分布 141
Hoeffding の不等式 93

188 索　引

変動係数 16

ほ
ポアソン到着 71
ポアソン分布 60
母集団 101
ホッジスの g 138

ま
マグニチュード 141

め
メディアン 10

も
モード (最頻値) 13
モーメント母関数 53
モーメントマグニチュード 141
モンテカルロシミュレーション 48

ゆ
有意 130
　　　——水準 131
有意性の検定 130
有効推定量 111

尤度 102
　　　——関数 102
　　　——方程式 102

よ
余事象 (補事象) 40

ら
ランダムサンプリング 101

り
離散一様分布 41
離散確率変数 41
リストワイズ法 30
リヒタースケール 141
両側検定 133

る
累積分布関数 42, 48

れ
連続確率変数 42

わ
ワイブル分布 73
和事象 40

関連図書

[1] 星野崇宏，岡田謙介編，『欠測データの統計科学—医学と社会科学への応用』，岩波書店 (2016)

[2] G. A. Fredricks and R. B. Nelsen, "On the relationship between Spearman's rho and Kendall's tau for pairs of continuous random variables," Journal of Statistical Planning and Inference 137 (2007), pp.2143–2150

[3] M. G. Kendall, *The Advanced Theory of Statistics*, vol. 1, fourth ed., Charles Griffin & Company, London (1948)

[4] H. E. Daniels, "Rank correlation and population models," J. Roy. Statist. Soc. Ser. B 12 (1950), pp.171–181

[5] 渡辺澄夫，永尾太郎，樺島祥介，田中利幸，中島伸一，『ランダム行列の数理と科学』，森北出版 (2014)

[6] Robert Edward Lewand, *Cryptological Mathematics 1st Edition*, Mathematical Association of America (2001)

[7] 鈴木武，山田作太郎，『数理統計学』，内田老鶴圃 (1996)

[8] Annette J. Dobson 著，田中豊，森川敏彦，山中竹春，冨田誠訳，『一般化線形モデル入門』，共立出版 (2008)

[9] Colin S. Gillespie, "Fitting Heavy Tailed Distibutions: The poweRlaw Package," Journal of Statistical Software, Feb. 2015, Vol.64, Issue 2

[10] 古川俊之，『寿命の数理』，朝倉書店 (1996)

[11] イアン・エアーズ著，山形浩生訳，『その数学が戦略を決める』，文藝春秋 (2007)

[12] C. R. Rao, "Information and the accuracy attainable in the estimation of statistical parameters," Bull. Calcutta Math. Soc., Vol.37, No.3 (1945), pp.81–91

[13] H. Cramér, "A contribution to the theory of statistical estimation," Skandlnavisk Aktuari-etidskrift, Vol.29 (1946), pp.85–94

[14] J. Cohen, "Things I have learned (so far)," American Psychologist, 1990;45: pp.1304–1312

[15] S. Nakagawa and IC. Cuthill, "Effect size, confidence interval and statistical significance: a practical guide for biologists," Biological Reviews of the Cambridge Philosophical Society, 2007 Nov.; 82(4):591–605. Erratum in Biological Reviews of the Cambridge Philosophical Society, 2009 Aug.; 84(3):515

[16] 宇津徳治，『地震学 (第 3 版)』，共立出版 (2001)

[17] 本川達雄，『ゾウの時間 ネズミの時間—サイズの生物学』，中央公論新社 (1992)

著者紹介

神永正博（かみなが　まさひろ）
1967年　東京に生まれる
1991年　東京理科大学理学部数学科
　　　　卒業
1994年　京都大学大学院理学研究科数
　　　　学専攻博士課程中退
1994年　東京電機大学理工学部助手
1998年　(株)日立製作所入社　中央研
　　　　究所勤務
2004年　東北学院大学工学部専任講師
2005年　同助教授
2007年　同准教授（名称変更により）
2011年　同教授
　　　　現在に至る
博士（理学）（大阪大学）

木下　勉（きのした　つとむ）
1970年　新潟に生まれる
1993年　東京理科大学理学部数学科
　　　　卒業
1993年　トヨタ自動車(株)入社
1998年　ニフティ(株)入社
2001年　ラティス・テクノロジー(株)
　　　　入社
2013年　岩手大学工学研究科博士後期
　　　　課程電子情報工学専攻修了
2015年　福井工業大学環境情報学部
　　　　准教授
2017年　東北学院大学工学部准教授
　　　　現在に至る
博士（工学）（岩手大学）

2019 年 4 月 5 日　第 1 版　発 行

著者の了解に
より検印を省
略いたします

R で学ぶ確率統計学
―変量統計編

著　　者© 神　永　正　博
　　　　　木　下　　勉
発行者　内　田　　　学
印刷者　馬　場　信　幸

発行所　株式会社　内田老鶴圃　〒112–0012 東京都文京区大塚3丁目34番3号
電話 03(3945)6781(代)・FAX 03(3945)6782
http://www.rokakuho.co.jp/
印刷・製本＝三美印刷 K.K.

Published by UCHIDA ROKAKUHO PUBLISHING CO., LTD.
3–34–3 Otsuka, Bunkyo-ku, Tokyo, Japan

ISBN 978–4–7536–0123–3 C3041　　U. R. No. 646–1